一个数学家的叹息

如何让孩子好奇、想学习、走进美丽的数学世界

[美] 保罗·洛克哈特（Paul Lockhart） 著

高翠霜 译

A Mathematician's Lament
How School Cheats Us Out
of Our Most Fascinating
and Imaginative Art Form

上海社会科学院出版社
SHANGHAI ACADEMY OF SOCIAL SCIENCES PRESS

图书在版编目（CIP）数据

一个数学家的叹息：如何让孩子好奇、想学习、走进美丽的数学世界 /（美）保罗·洛克哈特(Paul Lockhart) 著；高翠霜译 . -- 上海：上海社会科学院出版社，2025. -- ISBN 978-7-5520-4758-5

I . 01-4

中国国家版本馆 CIP 数据核字第 202586EH40 号

Copyright © 2009 by Paul Lockhart
This edition arranged with Kaplan/DeFiore Rights
Through Andrew Nurnberg Associates International Limited
Simplified Chinese edition copyright © 2019 Beijing Green Beans Book Co., Ltd.

上海市版权局著作权合同登记号：图字号 09-2025-0190

一个数学家的叹息：如何让孩子好奇、想学习、走进美丽的数学世界

著　者：［美］保罗·洛克哈特（Paul Lockhart）
译　者：高翠霜
责任编辑：杜颖颖
特约编辑：贺　天
封面设计：主语设计
出版发行：上海社会科学院出版社
　　　　　　上海市顺昌路 622 号　　　邮编 200025
　　　　　　电话总机 021-63315947　　销售热线 021-53063735
　　　　　　https://cbs.sass.org.cn　　E-mail: sassp@sassp.cn
印　　刷：天津旭丰源印刷有限公司
开　　本：889 毫米 ×1194 毫米　1/32
印　　张：5
字　　数：65 千
版　　次：2025 年 7 月第 1 版　2025 年 7 月第 1 次印刷

ISBN 978-7-5520-4758-5/O · 009　　　　　　　　　　　　定价：42.80 元

版权所有　翻印必究

如果你要造船,不要招揽人来搬木材,不要给人指派任务和工作,而是要教他们去渴望那广袤的大海。

——安托万·德·圣埃克苏佩里

赞 誉

本书对于每一位从事数学教育的人、每一位学龄孩子的家长、每一位负责数学教学的学校老师或政府官员，都是必读之作。

——齐斯·德福林（Keith Devlin）

斯坦福大学教授、《数学的语言》作者

作者写出了很重要、很平易近人的悲叹和狂喜。他哀叹的是今天数学教育的现状；而他也热切盼望老师们能得到鼓舞，带领学生们体验数学里头十分刺激的"概念的诗意"，而且真的是如此。

——贝利·马祖尔（Barry Mazur）

哈佛大学校聘数学教授

数学是一门艺术。要把数学文化融入教材和课堂教学，通过好的问题展现数学的美，引起学生的兴趣，激发学生的想象力和创造力。保罗·洛克哈特的《一个数学家的叹息》对于如何教授中小学数学很有创见，值得数学老师学习和借鉴。

——严加安

数学家、中国科学院院士

正是蕴藏在解题过程中那不期而至的灵光一现，使得数学充满了艺术般的魅力。因此，我非常同意作者把数学比作艺术，而非科学。数学中蕴含的美妙的逻辑固然是所有科学的灵魂，但数学自身所展示的那种非逻辑、触及心灵的美才是她的真谛。

——刘超

中国科学院国家天文台研究员、博士生导师

本书思考的是我最关注的K-12数学教育问题，作者从哲学认识论和方法论视角，以人才成长的数学知识与能力体系建构的视域，以"叹息"这一独具一格的表达方式，诉说着数学之美。上篇"悲歌"各章的观点犀利，是对当下大多数学家、数学教育家的基本理论观点的颠覆性批判；而下篇"鼓舞"的体例则是一气呵成，虽然其建设性的观点不太明确，但依然可以引发我们对当下数学教育模式的反思与遐想。

——王本中

国家教育咨询委员会委员

这本书会颠覆你对数学的刻板印象。它将带你进入一个你从来没有在数学教材和习题册里发现过的真正的数学世界。这个世界有独特的美丽，像游戏一样有趣，并且简单到任何人都能理解。我不敢保证你会就此爱上数学，但是对于数学的讨厌和恐惧肯定会消解一二。

——池晓

钥匙玩校、好奇学校创始人

目录
contents

推荐序一 数学教育的地标 / 齐斯·德福林 ___ 1

推荐序二 大破大立
　　　　——难得一见的数学教育好书 / 洪万生 ___ 5

推荐序三 数学差，不是你的错
　　　　——别让学校扼杀了创意 / 郑国威 ___ 14

上篇·悲 歌 ___ 21

> 唯一了解问题所在的是那些最常被责备，但是又最被忽略的人——学生。他们说"数学课愚蠢又无趣"，他们说对了。

数学与文化 ___ 30

数学和其他类型的艺术（如音乐和绘画）的差别只在于，我们的文化不认同数学是一门艺术。

学校里的数学 ___ 46

教学跟信息无关，而是要和学生建立起真诚的智性关系。教学不需要方法、工具、训练。你只需要真诚。

数学课程 ___ 66

考学生一些没有意义的名词定义，远比激励他们创造美妙的事物及发现事物的意义，要来得容易太多了。

中学几何：邪恶的工具 ___ 78

数学不是在我们自己和我们的直觉之间竖起屏障，也不是要让简单的事情变得复杂。数学是移除通往直觉的障碍，让简单的事情维持简单。

"标准"数学课程 ___ 95

这门远古的艺术形式，蕴藏着让人屏息的内涵及让人心碎的美丽。人们将数学当作创造力的反面事物而远离它，这是多么讽刺的事啊！

下篇·鼓 舞 ___ 101

> 与模式游戏，注意观察事物，做出猜测，寻找正反例，被激发去发明和探索，做出论证并分析论证，然后提出新的问题。这就是做数学。

推荐序一

数学教育的地标

2007 年下半年,在我的一场演讲会上,有个听众交给我一份 25 页的打印文稿,标题是《一个数学家的叹息》(*A Mathematician's Lament*),说我可能会喜欢这篇文章。这篇文章是数学教师保罗·洛克哈特(Paul Lockhart)在 2002 年所写的,从那时起,它就在数学教育的小圈子里私下流传,从未正式发表过。这位听众显然低估了我的反应——我非常喜欢这篇文章。这位保罗·洛克哈特,不论他是何方神圣,我觉得他的文字应该有更广大的读者。因此,我做了一件以前从未做过,

一个数学家的叹息
A Mathematician's Lament

未来也可能不会再做的事：找寻这篇文章的作者——这有点难，因为文章里没有联络信息——并且得到他的同意之后，我在美国数学学会（Mathematical Association of America）的网站 MAA Online（www.maa.org）我的每月专栏"德福林观点（Devlin's Angle）"当中，以原貌转载全文。这是我所知道能让这篇文章在数学界及数学教育圈子，最快而且最有效曝光的方法。

2008年3月，《一个数学家的叹息》在我的专栏中刊出时，我是这样介绍的：

> 坦白说，对于当前K-12年级（从幼儿园到十二年级）的数学教育，这是我所见过写得最好的评论之一。

当时我期待会有热烈的回响。果不其然，文章刊出后，引来的是燎原大火。保罗的文字在全世界激起了极大的共鸣。除了许多人写电子邮件表达赞赏之意，还有蜂拥而至的请求，要求授权转载以及翻译该文章。碍于

推荐序一

协议，我没有刊登保罗的联络方式，所以很多要求是冲着我而来的。（你手上的这本书，也是因此而产生的。）

保罗所说之事，许多数学家及数学教师也曾经说过。对于数学教育理念不同，因而反对保罗观点的人，保罗所提出的观点也不是新鲜事。不同的是，保罗文章的说服力以及他所流露出的巨大热情。这不仅是一篇好文章，也是真正发自内心的伟大作品。

毫无疑问，《一个数学家的叹息》一文及其衍生出的这本书，都是表达主张的作品。保罗对于应该如何教授数学有很坚定的主张，强力辩护他所主张的教法，抨击现今学校数学教育的状况。然而，除了他个人极具魅力的写作风格之外，更特别的一点是，他对于既艰难又备受争议的数学教育课题提出了自己的看法，这是很少有人能够想得出来的。保罗的经历比较少见，他是个成功的专业数学家，在大学里教书，后来他发现自己的真正使命在 K-12 年级的数学教育，因而投身其中至今多年。

在我看来，这本书和它的原稿一样，对于每一位要从事数学教育的人、每一位学龄孩子的家长、每一个负责数学教学的学校老师或政府官员而言，都应该是必读之作。你可能不完全同意保罗的说法，你可能认为他所主张的教学方法不是每位教师都能够成功运用的，但是你仍应该读一读并思考他的主张。这本书已经是数学教育领域里的显眼地标，不能也不应该被忽略。在此我并不打算告诉你我认为你该作何回应。就像保罗自己也会同意的，这应该是读者的事。但我想告诉你的是，保罗·洛克哈特如果来当我的数学老师，我会欣喜若狂。

齐斯·德福林[*]
斯坦福大学教授

---

[*] 数学家齐斯·德福林为2004年国际毕达哥拉斯奖、2007年卡尔·萨根科普奖得主。斯坦福大学人文科学与技术高级研究中心（H-STAR）共同创办人及资深研究员，同时也是美国全国公共广播电台（National Public Radio）周末版的"数学人（The Math Guy）"专栏作者。

推荐序二

大破大立
——难得一见的数学教育好书

《一个数学家的叹息》应该是我所见过的数学教育宣言中最"激进"的一篇了。作者保罗·洛克哈特是一位成功的专业数学家,2000年,他毅然转入纽约市一所涵盖K-12年级的中小学任教,身体力行他认为有意义的数学教学活动。本书即是他的现身说法,因此,他对于美国目前中小学数学教育的现实之沉重发出的真诚的叹息,似乎没有几个有识之士敢视而不见。

事实上,本书(分上、下两篇)所呈现的愿景,乃是中小学数学教育的一种乌托邦。通常我们面对乌托邦，似乎总是看看就好，大可不必认真。然而，我仔细阅读（英文原文和中文译文）之后，对于邀约写序，多少有些犹豫与挣扎。对照我自己的数学教学经验，我将如何推荐本书呢？我自己曾在台湾师范大学数学系任教将近四十年，主要授课如数学史都涉及未来与现职的中学教师之专业发展，而且也曾指导过几十位在职教师班的硕士生，所以，我对于（台湾地区）数学教育现实的兴革，当然也有相当清晰的理想与愿景。不过，经历过那么多的数学教育改革争议之后，我觉得务实地训练与提升教师的数学素养，恐怕是最值得把握的一条可行之路。

话说回来，作者的愿景所引申出来的策略，也并非完全不可行！譬如说吧，在本书结束时，作者语重心长地鼓励老师"需要在数学实境（mathematical reality）中悠游。你的教学应该是从你自己在丛林中的体验很自然地涌出，而不是出自那些在紧闭窗户的车厢里的假游客观点"。因此，"丢掉那些愚蠢的课程大纲和教科书吧！"因为"如果你没有兴趣探索你自己个人的想象宇宙，没有兴趣去发现和尝试了解你的发现，那么你干吗

推荐序二

称自己为数学教师?"

对许多数学教师来说,要是丢掉课程大纲与教科书,大概会有类似一起丢掉洗澡水与婴儿的常见的(conventional)焦虑感,尽管有一些教师平常教学时,根本不理会课程大纲与教科书内容,而只是使用自己或与同仁共同编辑的讲义。然而,不管你是否赞同洛克哈特的主张,也不管他的主张是否能够付诸实践,本书主张的观点是老师、家长与学生都不容错过的金玉良言,值得我们咀嚼再三。下面,我要稍加说明我大力推荐本书的三个理由。

本书上篇主题是"悲歌",依序有《数学与文化》《学校里的数学》《数学课程》《中学几何:邪恶的工具》以及《"标准"数学课程》五节。下篇主题是"鼓舞",但不分节论述。上篇文字曾由齐斯·德福林(Keith Devlin)安排,在MAA在线(MAA Online)每月专栏"德福林观点"全文披露(2008年3月),获得大大超乎预期的回响。在上篇一开始,作者洛克哈特利用虚构的音乐与绘画之学习梦境,说明相关语言或工具的吹毛求疵，让这些艺术课程之学习，变得既愚蠢又无趣，最终摧毁了孩子们对于创作模式那种天生的好奇心。或许上述梦魇并非真实，但是，"类比"到数学教育现场，却是千真万确；而洛克哈特的立论，是一般人容易忽略的数学知识活动特性：数学是一门艺术！至于它与音乐和绘画的差别，只在于我们的文化并不认同它是一门艺术。洛克哈特进一步指出：

> 事实上，没有什么像数学那样梦幻且富有诗意，那样激进、具破坏力和带有奇幻色彩。我们觉得天文学或物理学很震撼人心，在这一点上，数学完全一样（在天文学家发现黑洞之前，数学家老早就有黑洞的构想了），而且数学比诗、美术或音乐容许更多的表现自由，后者高度依赖这个世界的物理性质。数学是最纯粹的艺术，同时也最容易受到误解。

这种主张呼应了英国数学家哈代（G. H. Hardy）的

推荐序二

观点：数学家是理念模式（patterns of ideas）的创造者。在他的《一个数学家的辩白》（*A Mathematician's Apology*）中，哈代借此宣扬他的柏拉图主义（Platonism）。不过，洛克哈特却将柏拉图的理念（ideas）拉回到人类玩游戏的层次："我纯粹就是在玩。这就是数学——想知道、游戏、用自己的想象力来娱乐自己。"事实上，在游戏的情境中，人们会基于天生的好奇而开始探索，而这无非是人类学习活动的最重要本质所在。反过来，如果数学学习只是要求学生死背公式，然后在"习题"中反复"套用"，那么，"兴奋之情、乐趣甚至创造过程中产生的痛苦与挫折，全都消磨殆尽了。再也没有任何'困难'了。问题在提出来的同时也被解答了——学生没事可做。"对于这种强调精准却无灵魂地操弄符号的文化及其价值观，洛克哈特用简单例证戳破它的虚幻，这是我大力推荐本书的第一个理由。

在《学校里的数学》这一节中，洛克哈特指出教改迷思，在于它企图"要让数学变有趣"，以及"与孩子们的生活产生关联"。针对这两点，他的批判非常犀利：

一个数学家的叹息
A Mathematician's Lament

"你不需要让数学变得有趣——它本来就远超过你了解的有趣！而它的骄傲就在于与我们的生活完全无关。这就是为什么它是如此有趣！"显然为了达到"有趣"与"关联"的目的，教科书的编写难免"牵强而做作"。譬如，为了帮助学生记忆圆面积和圆周公式，洛克哈特认为：与其发明一套圆周先生（Mr. C）和面积太太（Mrs. S）的故事，不如叙说阿基米德（Archimedes）甚至刘徽有关圆周率的探索史实，说不定更能触动学生的好奇心灵。这种强调发生认识论（genetic epistemology）的历史关怀，也与他批判数学课程的缺乏历史感互相呼应。

洛克哈特对于数学课程的僵化之批判，还扩及它所联结的"阶梯迷思（ladder myth）"，他认为这种一个主题接一个主题的进阶安排，除了淘汰"失败的"学生之外，根本没有（其他）目标可言。因此，学校里的数学教育所依循的是，"一套没有历史观点、没有主题连贯性的数学课程，支离破碎地收集了分类的主题和技巧，依解题程序的难易度凑合在一起"。相反地，"数学结构，不论是否具有实用性，都是在问题背景之内发现及发展出来的，然后从那个背景衍生出它们的意义"。

或许有人说，中学的几何课程可以满足此一智性需求，不过，洛克哈特却将它称为"邪恶的工具"。作者在《中学几何：邪恶的工具》这节中，指出数学证明的意义在于"说明，而且应该说明得清楚、巧妙且直截了当"，同时，只有当你想象的物件之行为违反了直觉，或者有矛盾出现时，严谨的证明才有其必要，而这当然也符合历史真实。基于此，他严厉批判"两栏式证明（two-column proof）"既沉闷又"没有灵魂"，学生只是被训练去模仿，而不是去想出论证！

在作者深刻批判学校数学（school mathematics）、课程纲要以及几何证明之后，他还揭露了一个目前通行的《"标准"数学课程》之真相，这个戳破学校数学神话的深刻反思，是我大力推荐本书的第二个理由。

在上篇解构性的"大破"之后，洛克哈特在本书下篇当中，为我们贡献了令人鼓舞的"大立"，这是我大力推荐本书的第三个理由。在本篇中，洛克哈特想象了一个数学实境，其中"充满了这些我们为了娱乐自己而

一个数学家的叹息
A Mathematician's Lament

建构出来（或是偶然发现）的有趣又可爱的架构。我们观察它们、留意它们的模式、尝试做出简洁又令人信服的叙述，来解释它们的行为"。至于如何做数学？洛克哈特利用实例演示，启发我们"与模式游戏，注意观察事物，做出猜测，寻找正反例，被激发去发明和探索，做出论证并分析论证，然后提出新的问题"。此外，他还特别提醒：小孩子都知道学习和游戏是同一回事。可惜，成年人已然忘却。因此，他最后给读者的实用忠告是：玩游戏就对了！做数学不需要证照。数学实境是你的，往后的人生你都可以悠游其中。

总之，本书作者分享了他自己基于好奇，探索数学知识活动被忽略面向的深刻体会，其中他认为数学如同音乐、绘画及诗歌一样，也是一门艺术。同时，学习与游戏是同一回事。因此，在游戏的情境中，基于人类天生的好奇心及探索模式，才是学习数学的正道。这也部分解释了何以他那么重视数学史的殷鉴，因为数学都是从历史脉络（context）产生，并因而获得意义。

对于教师甚至家长来说，如果你觉得本书的主张

推荐序二

太过"激进",不妨参考作者的玩数学比喻,那么,你对数学学习一定会有全新的体会。根据宠物书籍的说明,离开幼儿阶段还喜欢游戏的物种,只有成年人和成犬而已。人类幼童利用游戏来学习包括数学在内的各种事物。如今,我们身为成年人,甚至有幸带领小孩子学习,为什么不可以继续玩下去呢?

洪万生
台湾师范大学数学系退休教授

推荐序三

数学差，不是你的错
——别让学校扼杀了创意

先说个我自己的真实故事吧。

我小学的时候在学校功课排名前列，主要的原因是我就读的学校规模非常小，一个年级才两个班，竞争不激烈，另一个原因是我的确有点小聪明，而且蛮喜欢念书。那年头，学业功课好，加上比较听老师的话，就很容易获得其他课外表现的机会，代表班级或学校去外头参加比赛，也因此当了好几年的模范生，拿了个县长奖毕业。嚣张得很。数学？对学过珠心算的我来说，太简单了！

但是上了中学,一切都变了。我依旧很用功,大部分科目的考试成绩不是满分就是逼近满分,但唯有数学,我连及格的一半都拿不到。"数学",光是看到这两个字就足以让我产生头昏想吐的感觉,甚至还更严重些,会紧张到冒汗、肚子痛。老师在黑板上用大大的三角尺跟大圆规画的图依旧精美,板书我能抄的都抄了,但我就是没办法理解这些数字跟图形的逻辑。我慌了。

于是我开始篡改成绩单、篡改考卷分数,或是跟大雄一样,总是以考卷没带回家或是丢了为借口,不让父母签名。虽然现在回想起来真是很傻,但当时的我真的快被数学逼疯了,每天提心吊胆。

升上初二,状况依旧没变,但班导师换成了另一位在学校号称王牌的数学老师。一天晚上,全家人都在客厅看电视的时候,电话响起,我坐在接起电话的父亲对面,听到他对话筒说"喔!老师好!"的时候,我的眼泪无法克制地决堤了。

好消息是,后来在新任班导师的悉心教导之下,我的数学解题能力提升了很多,应该说,他让我学会用我能理解的方式把答案交出来。我心知肚明，我虽然同样考90分、100分，但跟班上数学真的好的同学比起来，我的程度还是很差。我顺利考上第一志愿的高中，但我完全没有跟父母商量，就决定去念文科。因为那种根深蒂固的对数学的恐惧，始终没有离去，高中的数学对我来说更是百倍狰狞的恶魔。

于是我大学念外语、研究所念传播，但也避开做量化研究。工作之后，做各式各样的计划，只要跟数学、算钱、预算有关的，我就推掉。我生活节约，不想花钱，因为我不想算数学。但如果我花钱，我也不太在乎多少钱，有没有打折，也不记录开支，因为我不想算数学。我也不做任何投资理财，一切都交给家人处理。

我不知道打开这本书的你是谁。是同样害怕数学的学生，还是正在让学生害怕数学的老师，抑或是担忧孩子数学成绩，正在物色补习班或家教老师的父母亲。如果你都不属于这三者，而是一个非常喜欢数学的人，那么我反而要问：怎么可能？

这本书的英文原名是 *A Mathematician's Lament*，本

推荐序三

来也不是一本书，而是一篇自2002年起开始在美国数学教师社群中流传的文章。我看了前5页，就觉得很受震撼，而这种震撼，是一种"总算有人了解我的感觉"加上"曾经的恐惧跟伤疤又被碰触"的综合感受。每多读一段，就越觉得明朗，了解自己为何当初会那么畏惧数学。一口气看完全书，仿佛是做了一次心理疗程，把这段影响我人生选择至巨的数学梦魇给重新诠释了，原来数学差，并不是我的错。

作者将数学与绘画、音乐相比，凸显出数学教育之僵硬跟死板。原来问题就是出在我们看待这门学科的角度完全错误，将数学当作其他理科的基础，要求绝对的精准跟正确，按照既定的公式，强调快速（为了考试）、强调术语（为了显得专业）、强调一切大部分人在日常生活中根本使用不到的东西。（为了培养数学家……但到底为什么每个人都要被培养成数学家呢？）

是什么让这样的教学结构如此稳固？是教科书跟参考书出版社、补习班产业，还是学校教育本身？看完这本书，我再次确认了肯·罗宾森爵士（Sir Ken Robinson）

一个数学家的叹息

A Mathematician's Lament

2006 年在 TED 大会上的演说的确一点没错:"学校扼杀了创意",而且是刻意为之。

因为当代的教育制度继承自工业革命时期,所以教育的目的就是创造工业需要的人才,到现在也没有改变。大量产出工业需求的一致性劳动力是学校教育的目标,因此教学方式必须要有效率、必须要一致。美其名曰是公平,实际上是奴役。如今结合了教科书业者、补习班业者,成了庞大的教育控制复合体。

数学教育的情况特别严重。数学本该是供人无限想象空间的学科,因为不管思考的数学题目多么天马行空,多么不切实际,都无所谓,没有任何现实会受到伤害,除了成绩单。因为害怕错误、对分数锱铢必较,有太多像我一样的学生用背诵的方式学数学,靠着不断解参考书和考卷上的题目来磨炼自己动笔的速度,但从来没有体会过数学的乐趣,连想都没想过数学会是有趣的。

大多数看过这本书的读者都给予很高的评价,或许因为作者揭开了国王新衣的真相,但作者除了对数学教育抛出锐利无比的批判,也在书的第二部分尝试用他觉得真正对学生有益处的教学方式与每一位读者互动。虽然作者只给了几个案例，但我看见了他想要带领学生进入的数学奇妙世界是什么样子，而我也好希望在我初中或是更小的时候，就能够看见这个世界。如果你是学生，希望这本书可以让你重拾对自己的信心。如果你是老师，请审视自己到底是在教学还是扼杀学生。如果你是家长，请理解你的孩子正在遭受折磨，而这本不该发生，也不该是他的错。

郑国威
PanSci 泛科学网站总编辑

上篇

悲 歌

一位音乐家满身大汗地从噩梦中惊醒。梦中，他发现自己置身于一个奇特的社会，那里的音乐教育是强迫性的。"我们是要帮助学生，让他们在这个越来越多声音的世界上，变得更有竞争力。"教育专家、学校体系以及政府，一起主导这个重要计划。研究计划的进行、委员会的组成、决策的形成——这些都没有听取任何一位现职音乐家或作曲家的意见，也没有让他们参与。

由于音乐家通常是把他们的构思，以乐谱的形式呈现出来，理所当然，那些奇怪的"黑色豆芽菜"和线条就是"音乐的语言"。所以，要让学生们拥有某种程度的音乐能力，当然他们得相当精通这种语言；如果一个

一个数学家的叹息
A Mathematician's Lament

小孩对于音符和音乐理论没有扎实的基本功，要他唱歌或演奏乐器，将是很可笑的事。演奏或是聆听音乐（更不要说创作乐曲），被认为是相当高深的课题，通常要等到大学甚至研究所，才会教他们这些。

而在小学和中学阶段，学校的任务就是训练学生使用这种语言——根据一套固定的规则绕着符号打转："音乐课就是我们拿出五线谱纸，老师在黑板上写下一些音符，然后我们抄写下来，或是转换成其他调。我们必须确定谱号和调号的正确性，而我们的老师对于四分音符是否涂满，要求非常严格。有一次我在半音阶（chromatic scale）的测验题中答对了，老师却没给我分数，说我把音符的符干（stems）摆错了方向。"

以教育工作者的智慧，他们很快就发现，即使很小的孩子，也可以给予这类的音乐指导。事实上，如果一个三年级的小孩无法完全记住五度循环（circle of fifths），就会被认为是很羞愧的事。"我得给我的小孩请个音乐教师了，他就是没法专心做他的音乐作业。他说那很无趣。他就是坐在那里望着窗外，自己哼着曲调，编一些愚蠢的曲子。"

较高年级的学生，压力就真的来了。毕竟，他们必须为标准化的测验和大学入学考试做准备。学生必须修习音阶（scales）和调式（modes）、拍子（meter）、和声（harmony）、复调（counterpoint）等课程。"他们得学习一大堆东西，但是等到大学他们终于听到这些东西，他们将会很感激在高中所做的这些努力。"当然，后来真的主修音乐的学生并不多，所以只有少数人得以聆听到"黑色豆芽菜"所代表的声音。然而，让社会上每个人都知道什么是转调（modulation）、什么是赋格（fugal passage）是很重要的，无论他们有没有亲耳听过。"实话告诉你吧，大部分的学生就是不擅长音乐。他们觉得上课很无聊，他们的技能不佳，他们的作业写得乱七八糟，难以辨认。而且大多数的学生，都不关心在现今世界上，音乐是多么重要，他们希望音乐课越少越好，最好能赶快上完。我猜人就只有两种：音乐人和非音乐人。我碰到过一个小孩，她真是太优秀了！她的作业无懈可击——每个音符都在正确的位置上，完美极了，既清楚又一致，真是美丽啊。她将来一定会成为伟大的音乐家。"

这位音乐家一身冷汗地从梦中醒来，庆幸那只是一场疯狂的梦境。他跟自己说："当然，没有哪个社会会将这么美妙又有意义的艺术形式，分解到这么不需动脑又支离破碎；也没有哪种文化会这么残酷地剥夺孩子们这种展现人类情感的自然手段。这真是荒谬啊！"

与此同时，这个城市的另一端，一位画家也从类似的梦魇中惊醒过来……我很惊讶地发现自己置身在一间普通的教室里——没有画架、没有颜料管。"喔！我们要到高中才真正开始作画。"学生们告诉我，"在七年级，我们主要学习颜色和画图器具。"他们拿给我一张练习纸，上面是一格一格的颜色样本，每种颜色旁边都有空格，要他们填上颜色的名称。其中一位学生说道："我喜欢画画，他们告诉我怎么做，我就照着做，很简单的！"

下课后，我和老师谈了一下，我问道："这样看来，你的学生没有真正地动手画过画啰？"老师回答我：

"嗯，下一学年他们会上数字绘画学前课程，为高中主要的数字绘画课程做好准备。因此，将来他们可以把在这里所学的，应用到真实生活中的画画情境——画笔沾上涂料、涂绘等这类事项。当然我们会按照学生的能力为他们做规划。真正优秀的画家——彻底熟悉色彩及画笔的——他们可以稍微快一点进行真正的绘画，其中有些人甚至可以去上能修大学学分的进阶课程。但是大部分情形下，我们只是尝试给这些孩子打下绘画的良好基础，因此当他们离开学校进入真实世界，为他们的厨房粉刷时，就不会弄得一团糟了。"

"嗯，你所说的那些高中课程……"

"你是说数字绘画课吗？我们看到修课的人数近年来增加了不少。我认为大部分是因为父母希望他们的孩子能够进入好的大学。高中成绩单上有进阶数字绘画课是很吃香的。"

"为什么大学会在意学生能否在标明数字的区块上涂色呢？"

"喔，你知道的，这代表学生有逻辑性思考的清楚脑袋。当然，如果学生打算主修视觉科学的科系，例如时尚或是室内装潢，那么在高中就拿到绘画学分，会是很好的安排。"

"原来如此。那么学生们什么时候才会开始在空白的画布上自由作画呢？"

"你说的话真像我的一位大学老师！他总是说些表达自我、感情这一类的东西——完全是脱离现实的抽象东西。我自己拥有绘画学位，但是我从未真正地在空白的画布上作画。我用的是学校提供的数字绘画工具。"

※　※　※

可悲的是，我们数学教育目前的制度正好就是这样的噩梦。事实上，如果我必须设计一套制度来"摧毁"孩子们对于"创造模式"与生俱来的好奇心，我不可能比现行制度做得更好——我就是无法想象出构成当前数学教育的这种毫无意义、压迫心灵的方法。

大家都知道这个制度有问题。政治家说"我们需要更高的标准"；学校则说"我们需要更多经费和设备"；

教育家有一套说法，而教师们又有另一套说法。他们通通都错了。唯一了解问题所在的是那些最常被责备，但是又最被忽略的人——学生。他们说"数学课愚蠢又无趣"，他们说对了。

数学与文化

首先我们要了解,数学是一门艺术。数学和其他类型的艺术(如音乐和绘画)的差别只在于,我们的文化不认同数学是一门艺术。每个人都了解,诗人、画家、音乐家创造出艺术作品,以文字、图像及声音来表达自我。事实上,我们的社会对创造性的表达是相当大方的,建筑师、厨师,甚至电视导播都被认为是职业上的艺术家。那么,为何数学家不是呢?

这个问题,有一部分原因出在没有人知道数学家到底在做些什么。社会上的普遍认知似乎是:数学家和科学家是有关联的——也许是因为数学家提供给科学家一些公式和定理，或者协助将一大堆数字输入计算机。如果这个世界必须要分成"诗意梦想家"和"理性思考家"两类人，毫无疑问，绝大多数人会把数学家放在后面那一类。

然而，事实上，没有什么像数学那样梦幻且富有诗意，那样激进、具破坏力和带有奇幻色彩。我们觉得天文学或物理学很震撼人心，在这一点上，数学完全一样（在天文学家发现黑洞之前，数学家老早就有黑洞的构想了），而且数学比诗、美术或音乐容许更多的表现自由，后者高度依赖这个世界的物理性质。数学是最纯粹的艺术，同时也最容易受到误解。

因此，让我试着解释数学是什么，以及数学家做些什么。我以英国数学家哈代（G. H. Hardy）绝佳的叙述作为开场：

> 一位数学家，就像一位画家或诗人，是模式（pattern）的创造者。如果他的模式比画家或诗人的模式能留存得更久，那是因为这些模式是用理念

（ideas）创造出来的。

所以数学家的工作是做出理念的模式（making patterns of ideas）。什么样的模式？什么样的理念？是关于犀牛的理念吗？不是的，那些留给生物学家吧。是关于语言和文化的理念吗？不，通常不是。这些对大部分数学家的审美观而言，都太复杂了。如果数学有一个统一的美学原则的话，那将是：简单就是美（simple is beautiful）。数学家喜欢思考最简单的可能性，而这种最简单的可能性是想象的，不见得是现实存在的。

例如，如果现在我在思考形状——这是我常常做的——我可能会想象在长方形中有一个三角形：

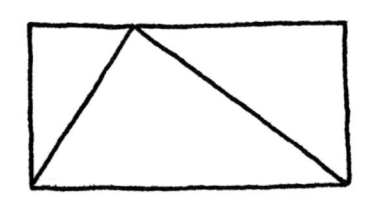

上篇　悲歌

我想知道，这个三角形占据了长方形多少的空间——三分之二吗？重点是要了解，我现在探讨的不是长方形内有三角形的这幅画；我探讨的，也不是组成桥梁上梁柱架构的那些金属三角形。在此，并没有那些急功近利的实用目的存在，我纯粹就是在玩。这就是数学——想知道（wondering）、游戏（playing）、用自己的想象力来娱乐（amusing）自己。首先，三角形在长方形中占据了多少空间，甚至没有任何真实、实体上的目的。即使是最谨慎小心制造出来的实体三角形，仍然是不断振动的原子所组成的，它的形状每分钟都在改变。也就是说，除非你要探讨"近似（approximate）"的度量。好了，这里就会牵扯到数学的"美学"了。因为那样就不单纯了，它成为一个依赖真实世界各式各样细节的丑陋问题了。那些问题留给科学家去解决吧。数学提出的问题是，在一个想象的长方形中有一个想象的三角形。它们的形状边缘很完美，因为我要它们很完美——这就是我喜欢思考的问题类型。这就是数学的一个主要特征：你想要它是什么样，它就是什么样。你有无限多的选项，没有真实世界来挡路。

另一方面，一旦你做了选择（例如，我可能选择我的三角形是对称的，或不是对称的），然后，你这个新创造就会自行发展下去，不管你是否喜欢它的后续发展。这就是制造想象的模式时有趣的地方：它们会回应！这个三角形在长方形中占据了某个空间比例，而我完全无法控制这个比例为何。这个数字就摆在那里，可能是三分之二，可能不是，但可不是我说了算。我必须找出这个数字。

因此，我们可以玩玩看，想象一下我们要什么，然后做出模式，再对这套模式提出问题。但是我们要如何解答这些问题呢？这一点都不像科学，我没办法用试管、设备或是任何东西通过做实验来告诉自己，我想象出来的虚拟物的真相。能得知我们想象物的真相的唯一方法，就是运用我们的想象力，然而这是个艰苦的差事。

在这个例子中，我的确看到了简单又美妙的地方：

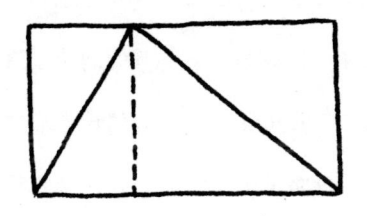

如果我把长方形像上面那样切成两个部分，我可以看到这两个部分都被三角形的斜边斜切成一半，所以三角形里面和外面的空间是相等的。也就是说，这个三角形一定是正好占了长方形的一半！

这就是数学的外貌和感觉。数学家的艺术就像这样：对于我们想象的创造物提出简单而直接的问题，然后做出令人满意又美丽的解释。没有其他事物能达到如此纯粹的概念世界；如此令人着迷、充满趣味，而且不花半毛钱！

你也许要问了，我的这个想法又是从何而来的？我怎么知道要画那条辅助线？那我要问你了，画家又是怎么知道要在哪里画上一笔？灵感、经验、尝试错误、运气。这就是艺术,创造出那些有思想的美丽小诗,创造出那些纯粹理性的诗篇。这个艺术形态有着某种东西,能做如此神奇的转变。三角形和长方形之间的关系原本是个谜,然而那条小小的辅助线让谜底浮现了出来。我本来看不出来的,突然间我就看见了。然而,我能够从"无"当中创造出全然简单的美丽,并且在这个过程当中改变了我自己。这不正是艺术吗?

这就是为什么看到现在学校里的数学教育会让人如此痛心。这么丰富且迷人的想象力探索过程,却一直遭到贬抑,沦落成一套要死记硬背毫无生气的"事实(facts)",以及必须遵循的演算程序。关于"形状"的一个简单而自然的问题,一个富有创造性和收获的发明与发现的过程,却被取代为:

三角形面积公式:
$A = \frac{1}{2} b h$

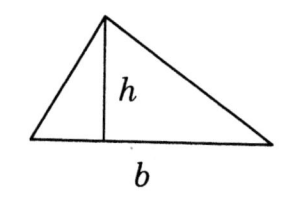

"三角形面积等于底乘以高的一半",学生被要求死背这个公式,然后在"习题"中反复"应用"。兴奋之情、乐趣甚至创造过程中产生的痛苦与挫折,全都消磨殆尽了。再也没有任何"困难"了。问题在提出来的同时也被解答了——学生没事可做。

现在,让我说清楚我到底在反对什么。不是公式,也不是默记一些有趣的事实。在某些情境下,这是可以的,就像学习词汇必须要记忆一样——这可以帮助我们创造更丰富、更微妙的艺术作品。但是,三角形面积是长方形面积的一半,这个"事实"并不重要。重要的是,以辅助线来切割的这个巧妙构思,以及这个构思可能激发出其他美妙的构思,进而引导出在其他问题上的创造性突破——光是事实的陈述绝不可能给你这些的。

拿掉了创造性的过程,只留下过程的结果,保证没有人能真正全身心投入这个科目。这就像是"说"米开朗琪罗创造了美丽的雕塑却不让我"看"它。我要如何受到激发而产生灵感?(当然实际上还更糟——至少我还知道有一个雕塑艺术存在,只是不让我去欣赏它。)

一个数学家的叹息

A Mathematician's Lament

由于将焦点集中在"什么",排除掉"为什么",数学被降格为一个空壳子。数学不是在"真相"里,而是在说明、论证之中。论证的本身赋予真相一个情境,并确认我们到底在谈论什么,其意义何在。数学是说明的艺术(the art of explanation)。如果你不让学生有机会参与这项活动——提出自己的问题、自己猜测与发现、试错、经历创造中的挫折、产生灵感、拼凑出他们的解释和证明——你就是不让他们学习数学。所以,我不是在抱怨我们数学课堂上出现的事实与公式,我抱怨的是我们的数学课里没有数学。

※ ※ ※

如果你的美术老师告诉你,绘画就是在标了数字的区块上涂上颜色,你会知道这是不对的。我们的文化让你了解这些——我们有博物馆、画廊,你自己家里也有挂画。我们的社会非常了解绘画是媒介,人类借由绘画来表达、展现自我。同样地,如果你的科学老师说,天文学是根据人们的出生日期来预测人们未来行为的一门学科，你会知道这个老师有问题——科学深入我们的文化，几乎每个人都知道原子、星系以及一些自然定律。但是如果你的数学老师给你一个印象，不管是直接说出来或是大家默认的，让你觉得数学是公式、定义以及默记一堆算法，谁来帮你矫正这个印象呢？

文化是自我复制繁衍的怪物：学生从他们老师那里学习数学，而老师又是从他们的老师那里学习数学，所以对于数学欠缺的了解与欣赏，会在我们的文化中无止境地复制下去。更糟的是，这种"伪数学"以及这种强调精准却无灵魂地操弄符号的延续，创造了自己的文化和自己的一套价值观。那些已经精熟这一套的人，从他们的成功当中衍生出了极大的自负。他们最听不进去的就是，数学其实是原始的创造力和美学的感受力。许多数学研究生在被人说"数学很强"十年之后，才发现自己其实没有真正的数学天分，只是很会遵循指示而已，他们感到伤心、失败。数学不是遵循指示，而是要创造出新的方向。

到现在我还没提到学校里缺乏数学评论这件事呢。

一个数学家的叹息

A Mathematician's Lament

学校里的数学教育，不让学生窥见数学的秘密，数学和任何文学作品一样，都是人类为了自己娱乐所创造出来的；数学作品需要批判性的评价；任何人都可以拥有对数学的审美品位，并发展出对数学的审美观。数学和诗一样，我们可以质疑它是否符合我们的美学原则：这项数学论证扎实吗？它有道理吗？它简单而优美吗？它能否让我更接近事实的核心？当然，在学校里没有对数学进行任何评论——因为根本就没有数学著作可供评论！

为什么我们不让我们的孩子学习如何评论数学呢？难道是我们认为数学太难了，不信任孩子的能力？我们似乎觉得他们有能力谈论拿破仑，并得出自己的结论，为什么对三角形就不能呢？我认为这只是因为我们的文化不了解数学。我们得到的印象是，数学是很冷酷而且需要高度技术性的东西，不可能有人搞得懂——如果这个世上真的有自我实现的预言，这就是一例。

我们的文化如果只是对数学无知，这已经够糟了，但更糟的是，人们真的以为他们了解数学——普遍地误以为数学对人类社会具有实用价值！这就已经构成数学和其他艺术之间的极大差异。数学被我们的文化看作是科学和技术的一种工具。大家都知道诗和音乐是纯粹用来欣赏的，能振奋人类的心灵，让我们的生命更高尚（因此在公立学校的课程安排中几乎都被拿掉了），但是数学则不然，数学是很"重要的"。

辛普利丘：你的意思真的是说数学对社会没有用，或没有实用价值吗？[1]

萨尔维阿蒂：当然不是。我只是说一件事物如果有实际上的用途，并不表示它的本质就是如此。音乐可以让军人上战场，但这不是人们作曲的目的；米开朗琪罗为天花板做装饰，我相信他心中其实有更崇高的目的。

---

[1] 此处的人物对话系模拟伽利略的《关于托勒密和哥白尼两大世界体系的对话》。1632年，伽利略出版了《关于托勒密和哥白尼两大世界体系的对话》，这是一本以对话形式论辩的书，书中内容以三个人物的对话展开——辛普利丘（Simplicio，主张地球为中心说的亚里士多德学派支持者），萨尔维阿蒂（Salviati，主张太阳为中心说的哥白尼学派支持者）和沙格列陀（Sagredo，在这场辩论中持中立态度的博学智者）。但最后一位并未出现在此对话中。（如无特殊说明，本书注释皆为译者注。）

一个数学家的叹息
A Mathematician's Lament

辛普利丘：但是我们不需要人们学习数学的实用结果吗？难道我们不需要会计师、木匠之类的人吗？

萨尔维阿蒂：有多少人真正使用这些在学校里学的"实用的数学"呢？你认为外面的木匠会使用三角函数吗？有多少成年人还记得分数的除法，或是如何解二次方程呢？很显然，目前的实务训练课程根本就没用，因为它不但让人难以忍受地感到无趣，也根本没有人会去用它。因此，人们为什么会认为它很重要？让所有的人都"隐约"记得代数公式和几何图形，却"清楚"记得对它们的憎恨，我实在看不出这样的教育对社会有什么好处。然而，如果给人们展现美妙的事物，让他们有机会享受当一个有创造力、有灵活性、心胸开阔的思想家——这是真正的数学教育可以提供的东西，这可能还有点好处。

辛普利丘：但是人们日常生活中至少要会算账，不是吗？

萨尔维阿蒂：我敢说大多数人在日常计算时都是使用计算机。为什么不用计算机呢？肯定是容易多了，而且更可靠吧。但是我的重点不只是说目前的制度非常糟糕，而是这个制度错失掉如此美好的东西！数学应该被当作艺术来教的。这些世俗上认为"有用"的特点，是不重要的副产品，会自然而然地跟着产生。贝多芬能够轻易地写出响亮的广告配乐，但是他当初学习音乐的动机是为了创造美好的事物。

辛普利丘：但不是每个人都是当艺术家的料。那些没有"数学天分"的孩子怎么办？他们要如何融入你的计划呢？

萨尔维阿蒂：如果每个人都能接触到数学的原始面貌，沉浸在它所带来的挑战性乐趣及惊奇之中，我认为我们会看到学生对数学的态度有极大的转变，同时我们对"数学很强"

一个数学家的叹息
A Mathematician's Lament

<blockquote>
这个观念的定义，也会有极大的转变。我们已经失去了许多有潜能的天才数学家——那些抗拒看起来没意义又死板课程的有创造力又聪明的学生。他们因为太聪明了，不会浪费时间在这种无聊傻事上。
</blockquote>

辛普利丘：但是你难道不认为如果把数学课变得和艺术课差不多，会让大部分的孩子学不到东西吗？

萨尔维阿蒂：他们现在就学不到什么东西啊！根本不要有数学课都强过现在这样的想法，至少有些人还能有机会靠自己去发现一些美好的东西。

辛普利丘：那么，你是要把数学课从学校的课程中拿掉啰？

萨尔维阿蒂：数学课早就被拿掉了！唯一的问题是要怎么处理剩下的这个死气沉沉的空壳子。当然，与其取消掉这门课程，我更想用生机蓬勃、有趣味的数学课来取代。

辛普利丘：但是有多少数学老师具备足够的知识，可以用那种方式来教学呢？

萨尔维阿蒂：很少。而且少得像是冰山的一角……

学校里的数学

要抹杀学生对一门科目的热情与兴趣,最有效的方法就是把它列为必修课。把它列入标准化测验的主要科目,就能保证让它失去生命力。学校董事会不了解数学的本质,教育家、教科书的作者、出版商也不了解,悲哀的是,大部分的数学老师也不了解。问题的范围大到我都不知道要从何说起了。

让我们从"数学改革"的溃败开始说吧。多年来,人们觉得数学教育现状存在问题的意识不断增加。为了"修正问题",开始进行一堆研究,举办一堆研讨会,组成数不清的教师、教科书出版商及教育家(不管他们是谁）的专家小组。除了有利可图的教科书产业（任何一点点政治动荡就可以让他们将无法下咽的天书"改版"，从中得利），整个改革运动一直都是失焦的。数学课程不需要被改革，它需要的是被砍掉再造。

对于要以什么样的顺序教授哪些"主题"，或是要用这个符号而不是那个符号、要用什么型号的计算机，这种种的过度关注和细细斟酌，天啊，就像是对泰坦尼克号甲板上的座椅做重新排列！数学是理性的音乐（the music of reason）。搞数学是从事发现与猜测、直觉与灵感的活动；是进入疑惑的状态——不是因为它让你搞不懂，而是因为你给了它意义，而你还不知道你的创造会走向何处；是产生一个突破性的想法；是像艺术家一般遭遇挫折；是被几近痛苦的美丽所折服与赞叹；是感觉活着（alive）。该死！把这些从数学里拿掉，无论你开多少研讨会，都于事无补。就如医生，随便你动多少手术，反正你的病人已经死了。

所有这些"改革"最悲哀的地方，是企图"要让数学变有趣"和"与孩子们的生活产生关联"。你不需要

一个数学家的叹息
A Mathematician's Lament

让数学变得有趣——它本来就远超过你了解的有趣！而它的骄傲就在于与我们的生活完全无关。这就是为什么它是如此有趣！

想要让数学呈现出和日常生活是相关联的，不可避免地就会显得牵强而做作："小朋友，如果你会代数，那你就能算出来玛丽亚现在的年龄，如果我们知道她现在的年龄是她七年前年龄的两倍！"（难道有人会知道这样荒谬的信息，而不知道她的年龄吗？）代数不是跟日常生活有关，而是跟数与对称性有关——这是它的本质所要追寻的。

> 假设我知道两个数字的和与差，我要如何找出它们是哪两个数字？

这是一个结构简单且确切的提问，它不需要弄得吸引人。古时候的巴比伦人喜欢解答这类问题，我们的学生也是。（我希望你也能喜欢思考这个问题！）我们不需要把问题绕来绕去的，让数学与生活产生关联。它和其他形式的艺术用同样的方式来与生活产生关联一样：成为有意义的人类经验。

无论如何，你真的认为小孩子会想要和他们日常生活有关的东西吗？你认为像"复利"这样实用的东西会让小孩子觉得很兴奋吗？人们喜欢"奇幻"，而这正是数学能够提供的——日常生活中的消遣、现实工作世界的调剂。

当老师或教科书屈服于"做作"时，也会产生同样的问题。为了对抗所谓的"数学焦虑"（学校"造成"的一系列疾病之一），而把数学弄得看起来"友善、便利"。例如，为了帮助学生记忆圆的面积和圆周的公式，老师可能会发明一整套关于圆周先生（Mr. C）的故事，他绕着面积太太（Mrs. S）说，他的"两个派"如何好（$C=2\pi r$），然后她的"派是方形的"（square，另一个意思是数学上的"平方"，$S=\pi r^2$），还有许多这类没有意义的故事。然而"真正的故事"是什么呢？是关于人类为了测量曲线所做的种种努力，是关于欧多克索斯（Eudoxus）、阿基米德和"穷尽法（method of exhaustion)"，是关于神奇的π。到底什么比较有趣——用方格纸估算粗略的圆周？用别人给你的公式（不加解释，只是要你背起来然后不断地练习）来计算圆周？还是听听这个人类史上最美妙又奇幻的题目，最聪明和最具震撼力的想法是如何发生的？我们这不是在扼杀人们对"圆"的兴趣吗？

我们为什么不给学生一个机会聆听这些事情，让他们有机会真正地做一些数学，得出自己的想法、意见和回应呢？有哪个科目的惯常教法是不提来历、哲理、主题的发展、美学标准及目前状况的呢？有哪个科目会避而不谈它最初的来源——历史上一些最有创造力的人所创造出来的美妙艺术作品——而选择让三流的教科书把它低俗化？

※ ※ ※

学校里的数学，最主要的问题出在没有"问题"。我知道大家都认为在数学课堂里的问题，就是那些枯燥的"习题"。"这里有一个题型，这里是解答它的方法，这个会出现在考试里，今天的家庭作业是习题1–35题。"这样学习数学是很可悲的：人变成了训练有素的黑猩猩。

但是一个问题，一个真正符合人类天性的提问是完全不同的。一个立方体的对角线，其长度为何？质数是无止境的吗？无限大是一个数字吗？在一个平面上用对称的方式铺瓷砖的方法有多少种？数学的历史，就是人类专注于像这类问题的历史，而不是无须动脑的反刍公式和演算（再加上那些设计来应用它们的做作习题）。

一个好的问题是你不知道"如何"解决它。这也使它成为一个好的谜题、一个好的机会。一个好的问题不会只单独待在那里，而是作为引导至其他有趣提问的跳板。一个三角形面积占外框长方形面积的一半，那么，一个长方体中的金字塔呢？我们可以用类似的方法来解决这个问题吗？

我可以理解训练学生娴熟于特定技巧的想法——我也会这样做。但这绝不是训练的目的。数学上的技巧，就如同其他艺术里的技巧一样，应该是配合背景而为的。伟大的问题、问题的历史、创意的过程——这才是完整的背景。丢给学生一个好的问题，让他们花力气去解决并尝到挫折，看看他们能得到什么。直到他们亟须一个想法时，再给他们一些技巧，但是不要给太多。

所以，丢开你的授课计划、投影机、讨人厌的彩色教科书、光盘机，以及现代教育马戏团里的所有东西，就单纯地和学生们一起做数学吧！美术老师不会浪费时间在教科书和特定技巧的机械式训练上。他们做他们学科里最自然的事情——让小孩子画画。他们在画架间走动，逐一给予建议和指导：

学生："我在思考我们的三角形问题，然后我发现了一件事。如果这个三角形是斜的，那它就不是外框长方形的一半！你看——"

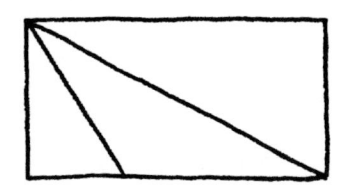

老师："非常好的观察！我们的切割方式是假设三角形的

顶点是落在其底部的范围内的。现在我们需要新的想法了。"

学生："我应该要用其他的方法来切割吗？"

老师："当然，各种想法都试试吧。想到什么就跟我说。"

那么，我们要如何教导学生做数学呢？我们可以选择适合他们喜好、个性和经验程度，既能吸引他们又不做作的问题。我们给他们时间去探索发现，以及形成推理。我们帮助他们精练他们的论述，并创造一个健全有活力的数学评论氛围。对于他们好奇心的突然转向，我们需要保持灵活和开放的态度。简而言之，我们和学生及学科之间要有真诚的知识上的关系。

当然，因为许多原因，我的建议无法实行。现在实施的课程表和测验标准实质上已经剥夺了教师的自主权。即使撇开这个事实，我也怀疑大多数的教师会想要和学生建立这样紧密的关系。这太容易受到责难，也承担太大的责任——简单地说，这个工作太繁重了！

被动地灌输出版商的"教材"，遵照指示"讲课、测验、反复练习",这要容易多了。深入且周延地思考一个学科的意义,以及思考如何将那个意义直接且如实地传达给学生,则是太辛苦了。对于依据个人智慧和良知来做决定,这样困难的差事,我们都被鼓励要放弃,按部就班就好。因为这是阻力最小的路径:

教科书出版商:教师::

A. 药厂:医师

B. 唱片公司:音乐节目主持人

C. 企业:国会议员

D. 以上皆是①

麻烦的是,数学就像绘画或诗篇,是"费劲的创意作品(hard creative work)",因此很难教。数学是一个缓慢、沉思的过程。要产生一个艺术作品需要时间,而且需要有能力的老师可以辨识出来。当然,公布一套规

---

① 编者注:a:b::c:d 是 a:b=c:d 的传统写法,原意为"a 对 b 好比是 c 对 d"。

则，比起指导有抱负的年轻艺术家，要容易多了。写一本录像机的使用手册，比起写一本有观点的书，要容易多了。

数学是一门"艺术"，而艺术应该由职业艺术家来教授，如果不是，至少也应该由能够欣赏这种艺术形态，看到作品时能辨识出来的人来担纲。我们不一定要跟职业的作曲家学习音乐，但是你会希望你自己或你的小孩向一个不懂任何乐器、从没听过一首乐曲的人学习音乐吗？你会接受一个从未拿过画笔或从未去过美术馆的人当美术老师吗？那我们为什么能接受那些从未有过数学原创作品，不了解这个学科的历史和哲理、最近的发展等这些教材以外更深远意义的人，来当数学老师？我不会跳舞，因而我从未想过我可以教舞蹈课。（我可以尝试，但肯定不会好看。）差别在于，我"知道"我不会跳舞。也不会有人因为我知道很多舞蹈术语就说我擅长舞蹈。

我并不是主张数学老师必须是职业的数学家——这绝非我的意思，但是他们不应该至少要了解数学的本

一个数学家的叹息

A Mathematician's Lament

质、擅长数学、喜欢做数学吗？

* * *

如果教学降格到只是在做资料的转换，如果没有兴奋与惊喜之情的分享，如果老师自己就只是信息的被动接收者，而非新理念的创造者，那么学生们还有什么希望呢？如果对老师来说，分数的加法是一套既定的规则，而不是创造性过程的产物及美学的抉择与追求的结果，那么学生当然也会觉得教学就是一套规则而已。

教学跟信息无关，而是要和学生建立起真诚的智性关系。教学不需要方法、工具、训练，你只需要真诚。如果你不能真诚，那你就没有权利打扰那些孩子。

尤其是，你没有资格去教数学。教育类学校完全是胡说八道。你可以修习一些儿童早期发展之类的课程，你可以接受一些训练，学习如何"有效地"使用黑板及如何准备"教学计划"（这是要确保你的课程是有计划的，因此也就不真诚）。但是如果你不愿意做个真诚的人，你永远也不是个真正的老师。教学是开放与诚实的，是能分享兴奋之情的能力,是对教学的热爱。没有这些,世界上所有的教育学位都不能帮助你;反之,有了这些,教育学位就完全是多余的。

事实很简单,学生不是外星人。他们对于美和模式是有反应的,和所有人一样具有好奇的天性。只要和他们说说话!更重要的是,听他们说话!

辛普利丘:好的,我了解数学是一种艺术,而我们没让人们有机会接触它。但是对学校而言,这不是相当深奥又陈义过高的要求吗?我们又不是要在这里培育出哲学家,我们只是要人们能够具备基本的算术能力,让他们在社会上能够生存。

萨尔维阿蒂:不是这样!学校里的数学课关心的许多事,都和社会上的生存能力无关——例如代数和三角函数。这些学习和日常生活完全没有关联。我只是在建议,如果我们要将这类课题纳入大部分学生的基本教育之中,

一个数学家的叹息
A Mathematician's Lament

> 我们就要用活生生的符合自然天性的方式来做。同时,如同我先前说过的,一门学科碰巧具有一些世俗上实际的用途,不代表我们必须将这个用途当作教导和学习的焦点。就像是,为了填写汽车监理所的表格,我们需要阅读能力,但是这不是我们教导孩子们阅读的原因。我们教他们阅读是为了更高的目的,希望他们能够接触美妙及有意义的观念。强迫三年级的孩子填写采购单及报税表,用这类的方式教导孩子阅读,不仅冷酷,也是行不通的!我们学习东西是因为它现在吸引我们,而不是为了将来可能有用。但这却正好是我们要孩子学习数学的原因!

辛普利丘:可是三年级的学生不需要会做算术吗?

萨尔维阿蒂:为什么?你要训练他们计算427加389吗?这可不是八岁的孩子会问的问题。大多数的成年人都不能完全了解带小数点的算术，而你却期望三年级的孩子能有清楚的概念？或是你根本不在意他们是否了解？要做那样的技巧训练，实在是太早了。当然我们也可以这样做，但是我认为最终是弊多于利。最好还是等到他们对数字的好奇心天性发生了再来教。

辛普利丘：那么，我们在这些小孩的数学课程里该做些什么呢？

萨尔维阿蒂：玩游戏啊！教导他们西洋棋、象棋、围棋、五子棋和跳棋，什么都好。自己设计游戏。猜谜。让他们处于需要推论推理的情境。不要担心符号和技巧，协助他们成为积极主动、有创造力的数学思考家。

辛普利丘：这样听起来好像我们会冒很大的风险。如果我们大幅降低算术的重要性，结果使得学生不会加法和减法，那怎么办呢？

萨尔维阿蒂：我认为比这个更大的风险是创造出缺乏任何创意表达的学校，在那里学生就是默记

一个数学家的叹息
A Mathematician's Lament

>一大堆日期、公式、单词,然后在制式的测验中反刍他们记进去的东西——"在今天储备明日的劳动力!"

辛普利丘:但是肯定有一些数学事实,是受过教育的人应该要知道的。

萨尔维阿蒂:是的,其中最重要的一个事实就是:数学是人类为了乐趣所做出来的一种艺术形态!好吧,如果人们知道关于数字和形状的一些基本知识,的确很好。但是这不会来自生硬地记忆、操练、讲课、习题。你是靠实践来学习的,你记得的是对你来说重要的东西。有几百万的成年人的脑袋里还记得"2a 分之 -b 加减根号 b 平方减 4ac"[①],但是完全不知道这是什么意思。原因就在于他们自己从来没有机会去发现或发明这类东西。他们从来都没能

---

① 一元二次方程求根公式,$x_{1,2} = \frac{-b \pm \sqrt{b^2 - 4ac}}{2a}$。

碰到一个让他们着迷的问题，可以让他们思考，可以让他们感受挫折，可以让他们燃起渴望，渴望有解决的技巧或方法。从来没有人告诉过他们人类与数字的历史——古巴比伦楔形泥版（*Babylonian problem tablets*）、莱因德纸草书（*Rhind Papyrus*）[1]、《计算之书》（*Liber Abaci*）[2]、《大技术》（*Ars Magna*）[3]。更重要的是，甚至没给他们机会对问题产生好奇心；答案总在问题提出来之前就给了。

辛普利丘：但是我们没有那么多时间可以让每一位学生自己发明数学！人类可是花上了好几个世纪才发现勾股定理的。你怎能期望一般的孩子能做到？

---

[1] 埃及纸草文件，撰写日期可以追溯到公元前 1800 年左右，苏格兰裔古物研究家 Alexander Henry Rhind 于 1858 年在埃及买下这份文件，为有关圆周率计算最早的文献。
[2] 斐波那契（Leonardo Fibonacci, 1170–1250）所著，斐式数列即出自该书。
[3] 1545 年卡达诺（Cardano）于该书中发表三次方程的求根公式。

一个数学家的叹息
A Mathematician's Lament

萨尔维阿蒂：我并不是期望那样。让我们说清楚，我抱怨的是，数学课程表中完全没有艺术与发明、历史与哲学、背景与远景。这不表示不需要符号、技巧及知识基础的开发。这些当然都是需要的。我们应该两者都需要。如果我反对钟摆太偏向某个方向，不表示我要它全然地摆向另一个方向。但事实是，人们在过程中学到的东西最多。对于诗的真正鉴赏并不是记得一大堆诗作，而是来自自己的创作。

辛普利丘：是的，但是在写出自己的诗作之前，你必须学会字母。创作的过程总要有个起点。你必须先会走，才能跑。

萨尔维阿蒂：不，你必须有追求的目标。孩子们可以在学习阅读和写作的同时，写诗和故事。一个六岁小孩写的作品是很神奇的，拼写和标点错误无损于作品的美好。即使是很小的孩子都能创作歌曲，而他们并不知道用的是什么音调或节拍。

辛普利丘：但数学不是和那些都不同吗？数学不是有自己的语言，必须学会各种符号，才能应用吗？

萨尔维阿蒂：完全不是。数学不是一种语言，它是一场探索。音乐家选择用小小的黑色音符来简化他们的想法，难道就是"说另一种语言"吗？如果是这样，对于还在学步的孩子以及他们创作出来的曲子，那并不是阻碍。的确有些数学缩写符号是经过好几个世纪的演化，但那些符号并不是重点。大部分的数学都是和朋友在喝咖啡时做出来的、在餐巾纸上画图当中做出来的。数学是而且一直都是想法、理念，而一个有价值的理念是远远超越符号的，超越人们选来代表这项理念的符号。正如高斯（Carl Friedrich Gauss）曾经说过的："我们需要的是想法，不是符号（What we need are notions, not notations)。"

辛普利丘：但是数学教育的目的之一，不就是在帮助学生以更精确及更有逻辑的方式思考，并开发他们的"量化推理技巧"吗？那些定义和公式，不是都能让我们学生的心智更犀利吗？

萨尔维阿蒂：不是的。如果目前的制度有任何效果的话，正好是使心智变迟钝的反效果。任何一种心智敏锐，都来自自己解决问题，而不是被告知如何解决。

辛普利丘：但是那些有兴趣走科学或工程路线的学生呢？他们不是需要传统课程提供的训练吗？这不正是我们在学校里教授数学的目的吗？

萨尔维阿蒂：有多少修习文学课的学生日后成为作家的？那不是我们教授文学的目的，也不是学生修习文学的目的。我们教授文学是为了启发每个人，不是只训练未来的专业人士。无论如何，科学家或工程师最有价值的技术，是能够有创意地思考和独立地思考。大家最不需要的就是被训练。

数学课程

学校里教的数学让人最难忍受的地方，还不是它遗漏了什么——我们的数学课里不做真正的数学——而是取而代之的东西：由破坏性的错误信息混乱堆积出来的所谓"数学课程纲要（mathematics curriculum）"。现在该让我们仔细看看学生们到底面对什么困境——他们面对的所谓数学是什么，以及在这个过程中他们受到了什么样的伤害。

这个所谓的数学课程纲要，最令人震惊的是它的僵化。尤其对高年级学生更是如此。每个学校、每个城市、每个州，都用完全同样的方法、完全同样的次序教数学。而大部分的人对这种"老大哥"的掌控，并不感到困扰，只是顺从地接受这种数学课程"标准模板"，把这当作是数学本身。

这就紧密地联结到我所谓的"阶梯迷思"——数学可以安排成一系列的"主题"，一个比一个更进阶，或"更高级"。目的是在使学校里的数学成为一项"竞赛"——有些学生"超前"其他人，而家长则担心自己的孩子会比别人"落后"。然而，这个竞赛到底要引导我们奔向何处？在终点线等待我们的又是什么？答案是，这是个没有目标的可悲竞赛。到最后，你是被我们的数学教育给欺骗了，而你根本就不知道。

真正的数学不是"易拉罐"（打开瓶盖，东西就在里面），"代数二（Algebra II）"从来就不是一个概念。问题自然会引导你到它要你去的地方。艺术不是竞赛。"阶梯迷思"是这个科目的错误形象，而一个遵照标准课纲授课的老师，则强化了这个迷思，使得他或她无法看清数学是一个完整的有机体。因此，我们有了一套没有历史观点、没有主题连贯性的数学课纲，支离破碎地收集了分类的主题和技巧，依解题程序的难易程度凑合在一起。

本来应该是发现和探索的过程，我们却用规则和规定取代了。我们从来没听学生说过"我想要看看如果给一个数字负的指数，那会有意义吗？结果我发现如果选择以这样的方式来表示倒数，会得到非常有趣的规律模式"。取而代之的是，老师和教科书直接给出"负指数规则（negative exponent rule）"这样的既成事实，丝毫不提这个选择背后的美学，甚至没有告诉学生，这其实是一个选择。

本来应该是很有意义的题目，可以引导出各种想法、没有界限的讨论与论辩、感受到数学中的主题统一与和谐，可是我们却代之以无趣和重复的习题、特定题型的解题技巧，各个主题之间彼此不关联，甚至脱离了数学概念的完整性。以至于学生和他们的老师都无法清楚理解，这类的事情最初是如何或是为何会发生。

本来可以在自然的情境下产生的问题，学生们可以自己决定要怎么定义他们使用的文字、符号，可是现在的情况却是受限于一大堆没完没了、无法激励思考的既有定义。课程进度表里满满都是难懂的行话和学术用语，看起来除了提供教师测验学生之用外，没有其他目的。世界上没有哪个数学家会花时间去区分 2½ 是"带分数（mixed number）"，而 ⁵⁄₂ 是"假分数（improper fraction）"，拜托啊，它们是相等的，它们是完全相同的数字，而且具备完全相同的性质。除了小学四年级学生，还有谁会用这样的名词？

考学生一些没有意义的名词定义，远比激励他们创造美妙的事物及发现事物的意义，要来得容易太多了。即便我们同意具备数学基本词汇是有价值的，但刚才的例子并不属于这个情况。一个五年级学生被教导要说 quadrilateral 而不说 four-sided shape（幸好中文都只说"四边形"），但是对于"猜测（conjecture）"和"反例（counterexample）"这些观念，却从来不教他们。高中生必定会学的三角函数"sec x"，只是"1/cos x"的缩写而已，其重要性无异于以"&"代替"and"一样。这个缩写其实是 15 世纪航海计算表遗留下来的 [其他早期三

一个数学家的叹息
A Mathematician's Lament

角函数表上的许多缩写比如正矢（versine）等则已废弃不用］，只不过是历史上的偶然，在快速精准的航海仪表计算时代，已经完全没有价值。因此，我们在数学课堂上塞满这些没有意义的专有名词，只是为数学而数学罢了。

在实务上，课程纲要里一系列的主题或概念，还不如一系列的符号来得多。显然，数学是一堆神秘符号和如何操纵它们的规则所构成的一张秘密列表。给年幼的孩子"+"和"÷"，等他们稍长，才能托付"$\sqrt{}$"，然后是"x"和"y"还有具神奇力量的"( )"。最后，再教导他们使用正弦 sin、对数 log、函数 $f(x)$，如果他们值得信赖，再教他们微分 d 和积分 $\int$。但是，从头到尾都没有一丁点儿有意义的数学体验。

这样的课程计划是如此的根深蒂固，所以老师和教科书作者都能准确地预知，未来几年学生们会做的事，甚至做到习题的第几页。我们经常看到，学生在第二年的代数课程中学习计算不同函数的 $[f(x+h)-f(x)]/h$，以确保几年后当他们学微积分时，"看过"这个算式。

我们理所当然地不会（也不敢期待会）给予学生动机去了解，为何这个看起来似乎是随机的算式是具有重要性的。虽然我十分确定有很多老师会试着解释这个运算的意义，认为他们是在帮学生的忙，但对学生来说那只是必须要克服的另一个无聊数学题目，"他们要我做什么呢？喔，就是套进公式？好的"。

另一个例子是训练学生以不必要的复杂形式来表达信息，原因是在几年后的未来，这样的表达方式会有意义。有没有哪位中学代数老师知道为什么要学生把"介于3和7之间的数字"说成 $|x-5|<2$？这些令人绝望的无能的教科书作者真的相信他们是在帮学生预做准备，可能几年后，他们会需要计算更多维的空间几何或抽象的距离空间？我很怀疑呢。我猜这些教科书只是世世代代相互抄袭而已，可能会改改字体或颜色，如果有学校采用他们的教科书，成为无意间的帮凶时，他们还洋洋得意呢。

一个数学家的叹息
A Mathematician's Lament

※ ※ ※

数学是关于问题的学科,而问题必须要成为学生数学生涯中的焦点。也许会有创作上的挫折和一些痛苦,但学生和老师应该永远专注在过程上——想出来了、还没想出来、发现模式、进行猜测、建构支持的例子和反例、设计论证,以及评论彼此的成果。和数学历史上的进程一样,特定的技巧和方法会在这个过程中自然产生——不会脱离,而会有机地关联到问题的背景环境,并且从那当中生长出来。

英文老师知道在阅读和写作的情境下学习拼写和发音是最好的;历史老师知道若是拿走事件的背景故事,人名和日期就会很无趣。为什么数学教育独独还卡在19世纪,没有进步呢?拿你自己学习代数的经验,和罗素(Bertrand Russell)[①]回忆中的经验比较一下:

老师要我背诵下面的句子:"两数和的平方等于

[①] 伯特兰·罗素(1872-1970),英国哲学家、数学家、逻辑学家。

该两数的平方和,再加上该两数乘积的两倍。"① 这到底是什么意思呢,我一点概念也没有,而我无法记住这些字句时,我的老师就把书扔到我头上,但这并未能激发我的智慧。

到如今,事情可有任何改变?

辛普利丘:我不认为这样讲是公平的。显然,从那时到现在,教学方法已经有进步了。

萨尔维阿蒂:你指的是训练方法吧。教学是复杂的人际关系,它不需要方法。或者我应该说,如果你需要方法,你可能就不会是非常好的老师。如果你对于你的科目没有足够的感受,可以让你能用自己的话语,自然且直觉地说出来,那么你对这个科目的了解会有多深入呢?再者,说到停留在19世纪,

---

① $(x+y)^2=x^2+y^2+2xy$。

一个数学家的叹息
A Mathematician's Lament

> 课程大纲本身则更是停留在17世纪,这不是更令人吃惊吗?想想看,过去300年,所有令人惊艳的发现及数学思想上深刻的革命,就好像这些从未发生过似的,课程当中完全都没提到。

辛普利丘:但是,你这难道不是对我们的老师们要求太多了?你期待他们对数十名学生提供个别的关注,根据他们各自不同的程度分别指引他们去发现、启发他们,然后又要同时赶上最近的数学发展。

萨尔维阿蒂:你会不会希望你的美术老师根据你的特质个别指导,对你的绘画提供知识性的建议?你会不会希望他知道最近300年的艺术史?但是,老实说,我不期待这类事,我只是希望能够这样。

辛普利丘:所以你是在怪罪数学老师吗?

萨尔维阿蒂:不,我怪罪的是造就他们的文化。那些可怜的人只是竭尽所能地去做成他们被训练要做的事。我相信大部分的人都爱他们的学生，并痛恨迫使学生经历这一切。他们打心底明白，那是没有意义而且没有质量的。他们可以感觉到他们建造了心灵压碎机的齿轮，但是他们不具备可以理解或反抗制度的见识。他们只知道必须让学生们"为下一学年做好准备"。

辛普利丘：你真的认为大部分的学生有能力在"创造自己的数学"这样高的水平上学习吗？

萨尔维阿蒂：如果我们真的认为创造和推理对我们的学生来说是太"高"的标准，那为什么可以容许他们写关于莎士比亚的历史文章或报告？问题不在学生不能处理，而在于没有老师可以处理。他们从来没有证明过自己能做什么，所以怎么可能给予学生任何指导？无论如何，学生的兴趣和能力有很大的差异，但是至少学生喜欢的或是讨厌的会是真正的数学，而不是这个不三不四的假数学。

辛普利丘：但是，我们当然希望所有的学生都学到基本的事实和技巧。那就是数学课纲存在的目的，而且这也是为什么课纲是统一的——有一些永恒、冷酷、艰难的事实需要学生们知道：1+1=2，三角形的内角和为180度。这些不是看法或意见，也不是模糊的艺术感受。

萨尔维阿蒂：正好相反。数学结构，不论是否具有实用性，都是在问题背景之内发现及发展出来的，然后从那个背景衍生出它们的意义。有时候我们会要 1+1=0〔在算法当中"模数 2（mod 2）"的计算〕；还有，在球体表面的三角形，其内角和会大于180度。"事实"，就其本身而言，是不存在的；每件事都是相对的及相关的。重要的是"故事"本身，而不只是结局。

辛普利丘：我开始厌倦你这些神秘的迷惑人的说法！

基础算术,好吗?你到底是同意还是不同意学生应该学基础算术?

萨尔维阿蒂:那要看你的意思是什么。如果你的意思是对于计数和排列问题的鉴赏、分组和命名的好处、表征(representation)和事物本身的区别、数系发展史上的一些想法,那么我的答案是肯定的。我确实认为学生应该要接触这些东西。如果你指的是没有任何基础概念架构,死记硬背一些算术事实,那么我的答案是否定的。如果你指的是探索一点都不明显的事实,比如 5 组 7 等于 7 组 5,那我的答案是肯定的。如果你指的是制定 $5 \times 7 = 7 \times 5$ 的规则,那我的答案是否定的。搞数学永远应该是发现模式及做出美妙且有意义的说明。

辛普利丘:几何怎么样呢?学生不就是在做证明吗?中学几何不正是你要的数学课最完美的例子吗?

中学几何：邪恶的工具

对于一位提出严厉指控的作者来说，最恼人的是，他所指控的对象却表示愿意支持他。中学里的几何课程比披着羊皮的狼更狡猾，比假朋友更不忠。正因为学校尝试借此课程向学生介绍论证的艺术，才使得它变得如此危险。

假冒成一个竞技场，在这里学生终于要参与真正的数学推论，这个病毒击中了数学的要害，摧毁了创造性理性论证的本质，磨灭学生对这个迷人又美妙学科的喜爱，使他们永远都不能以自然又直觉的方式来思考数学。

这背后的机制是微妙且迂腐的。它先以一堆不得要领的定义、命题、符号来惊吓且麻痹被害的学生，再系统地引导其进入矫揉造作的语言，以及人为的所谓"正统几何证明"公式，缓慢地、精心地阻断了学生对形状及其模式的自然好奇心或直觉。

撇开所有隐喻，我直白地说，在整个K-12年级数学课程纲要当中，几何是到目前为止最具心灵及情绪杀伤力的。其他的课程可能还隐藏着美丽的小鸟，或是把小鸟关在笼子里，但是几何课，则是公开、残忍的酷刑。（显然我还是得用到隐喻。）

问题就出在系统性地从根上摧毁学生的直觉。证明，是数学论证，是一部小说，是一首诗。它的目的是在"满足（satisfy）"。一个完美的证明应该是要说明的，而且应该说明得清楚、巧妙且直截了当。一份完美、过程完善的论证，应该感觉像是醍醐灌顶，应该是指路的明灯——它应该振奋我们的精神、照亮我们的心灵，而且应该是有趣迷人的。

但是我们几何课上的证明却没有一丁点儿有趣迷人

之处。呈现给学生的是僵硬、教条式的公式，由这些公式来进行所谓的"证明"——这些公式是不必要且不适当的，就如同要求孩子们必须根据花朵的属别和种别来种花一样。

我们来看看这类疯狂事迹的一些例子。我们先来看，这两条交叉的直线：

通常会做的第一件事就是不必要地加入过多符号，搅浑了这摊水。显然，我们没有办法简单地说出两条相交的直线，必须给予名称，而不只是简单的名称，像是"第一条线"和"第二条线"，甚至"a"和"b"。我们必须（根据中学几何课程）在这些直线上选择随机且不相关的点，然后使用特殊的"直线符号"来表示这些直线。

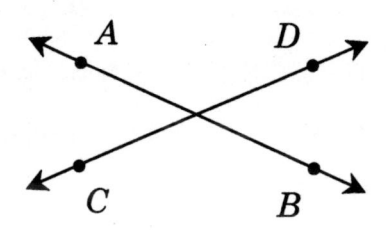

你看，现在我们得称它们为 $\overline{AB}$ 和 $\overline{CD}$，然后上帝特准你可以省略掉它们顶上的小横杠——"AB"代表直线 $\overline{AB}$ 的长度（至少我认为是这个意思）。不管这是多么没意义的复杂的事，大家都必须学习这样做。现在来看实际上的陈述，通常是以一些荒谬的名称来称呼，例如：

命题 2.1.1.

令 $\overline{AB}$ 和 $\overline{CD}$ 相交于 P，则 $\angle APC \cong \angle BPD$。

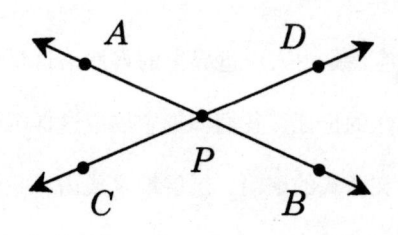

一个数学家的叹息

A Mathematician's Lament

换言之,两侧的角度是相等的。我的天啊,两条相交的直线,它们的组成当然是对称的!然后呢,好像弄成这样还不够糟,对于直线和角度这样显而易见的叙述,还必须要加以"证明"。

证明:

叙述	理由
1. $m\angle APC + m\angle APD = 180$ $m\angle BPD + m\angle APD = 180$	1. 角度加法公理 (Angle Addition Postulate)
2. $m\angle APC + m\angle APD =$ $m\angle BPD + m\angle APD$	2. 代换(Substitution Property)
3. $m\angle APD = m\angle APD$	3. 反身性 (Reflexive Property of Equality)
4. $m\angle APC = m\angle BPD$	4. 等式减法性质 (Subtraction Property of Equality)
5. $\angle APC \cong \angle BPD$	5. 角度公理 (Angle Measurement Postulate)

原本应该是由人以世界上的自然语言写出来的饶有机智及趣味的论证,我们却把它搞成这样沉闷、没有灵魂、官样文章式的证明,层层堆砌成山!我们真的要将这么直截了当的观察,弄成这么长的论文吗?老实说,

你真的在读它吗？当然没有。谁会要读呢？

在这么简单的事情上搞得那么隆重，结果就是让人们怀疑起自己的直觉。对于如此显而易见的事情，坚持要"严格的证明"（就像它会构成法律上正式的证据似的），就像是对学生说："你的感觉和想法是可疑的，你必须以我们的方式来思考和说话。"

毫无疑问，我们的确有要做数学正式证明的时候，但是当学生第一次接触到数学论证时，不应该这么做。至少让他们熟悉一些数学主题，以及了解对这些主题能有什么期待之后，再开始正式严谨的讨论。只有在有危机的时候——当你发现你想象的物件，它的行为违反了直觉；以及当有矛盾发生时——严格的正式证明才变得很重要。但是这种过分的预防性保护措施，在这里是完完全全没有必要的——疾病还没发生呢！当然，如果有逻辑危机发生的时候，那么很明显的应该加以研究，论证必须做得清楚明白，但那个过程可以进行得直觉一些，也不必那么正式。事实上，数学的精髓，就是和自己的证明进行这样的对话。

一个数学家的叹息
A Mathematician's Lament

所以,不是只有大部分的小孩被这个假学问完全搞迷糊了——没有什么比去证明显而易见的事更让人困惑的了——即使那些还保有直觉的少数人,也必须将他们优异、绝妙的点子转换并置入这个荒诞难解的架构里,好让他们的老师说它是"正确的"。老师则沾沾自喜地认为他让学生的心智变敏锐了。

再举一个比较严肃的例子。我们来看看一个半圆里面的三角形:

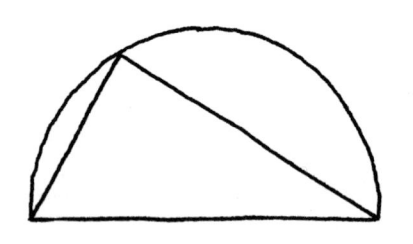

这个模式的美丽真相在于,无论三角形的顶点是在圆周的哪里,它都是直角。我不反对用"直角(right angle)",如果这个名词与问题有关,而且方便讨论的话。我反对的不是专有名词本身,而是没有要领、没有必要的专有名词。如果学生喜欢的话,我也很乐意用

"转角"或"角落"。

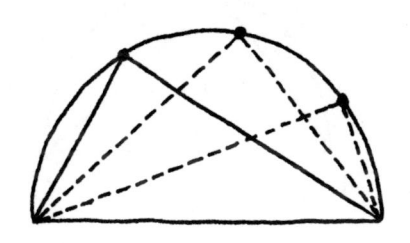

我们的直觉在这里会有些疑问。这会一直都成立吗？不是那么清楚，甚至看起来不太可能——如果我移动那个顶点，角度不会改变吗？此处我们有一个绝妙的数学题目！这是真的吗？如果是真的，为什么是真的？这是多么伟大的作业啊！这是可以让我们的智慧和想象力动起来的一个绝佳机会！当然学生不会得到这样的机会，他们的好奇心和兴趣立刻就会被泼了冷水：

定理 9.5

令 $\triangle ABC$ 内接于一个直径为 $\overline{AC}$ 的半圆，

则 $\angle ABC$ 为直角。

一个数学家的叹息

A Mathematician's Lament

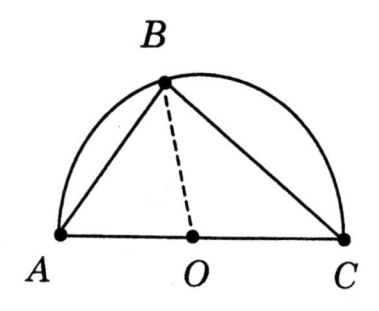

证明:

叙述	理由
1. 画半径 $\overline{OB}$,则 $OB = OC = OA$	1. 已知
2. $m\angle OBC = m\angle BCA$ $m\angle OBA = m\angle BAC$	2. 等腰三角形定理
3. $m\angle ABC = m\angle OBA + m\angle OBC$	3. 角度和公理
4. $m\angle ABC + m\angle BCA + m\angle BAC = 180$	4. 三角形内角和为 180 度
5. $m\angle ABC + m\angle OBC + m\angle OBA = 180$	5. 代换（叙述 2）
6. $2\, m\angle ABC = 180$	6. 代换（叙述 3）
7. $m\angle ABC = 90$	7. 等式的可除性
8. $\angle ABC$ 为直角	8. 直角的定义

还有什么比这更无聊、更不直截了当的？有什么论证能更令人困惑、更难读？这绝不是数学！一个证明应

86

该是神迹的显现，而不是来自五角大楼的密码信息。这是把逻辑严谨性摆错了地方的结果：丑陋。论证的精神被令人迷惑的形式主义给埋葬了。

没有任何数学家是这样工作的，从来没有任何数学家以这种方式工作。这是对数学这门学问完全地、彻底地误解。数学不是在我们自己和我们的直觉之间竖起屏障，也不是要让简单的事情变得复杂。数学是移除通往直觉的障碍，让简单的事情维持简单。

前述令人倒胃口的证明，拿来对比我七年级学生所做的论证：

> 将这个三角形旋转半圈，使其成为一个圆里面的四边形；由于三角形是完全旋转过来的，此四边形的边必然是平行的，因此这是一个平行四边形。然而它也不是斜边四边形，因为它的两条对角线都是这个圆的直径，因此它们是等长的。也就是说，它必然是一个长方形。这就是为什么它的角是直角。

一个数学家的叹息
A Mathematician's Lament

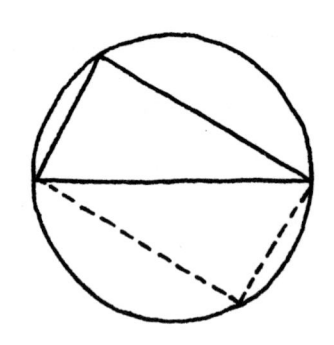

这不是很轻松愉快吗？重点不在于这项论证的点子是否比另一个高明，而是在于点子的出现。（事实上，第一个证明的点子是相当美妙的，可惜被隔上了一层深黑色的玻璃。）

更重要的是，这是学生自己的点子。在课堂上有个好题目给学生做，他们提出猜测、试着证明，然后其中一名学生就做出了这个结果。当然这花了好几天工夫，而且是经过一连串失败后的结果。

老实说，我曾经大幅改写这个证明。最初版本有些迂回，且含有许多不必要的赘词（以及拼写和语法错误）。但是我认为我了解他的意思。这些缺点是好事，让我这个老师有事情可做。我得以指出一些文体上和逻辑上的问题，学生则因而得以改进他的论证。举例而言，我对于两条对角线都是直径这一点不是很满意——我不认为这是完全显而易见的——但这只表示需要对这个问题多一点思考，以及从中获得多一些了解。事实上，这名学生可以把它修补得更好：

> 由于这个三角形绕着圆心转了半圈，顶点必然正好和原来的位置处于正对面的位置。这就是为什么四边形的对角线是圆的直径。

这就是一项伟大的作业，一个美妙的数学作品。我不确定谁对此更引以为傲，是学生还是我自己。我就是要我的学生们体验到这类经历。

※ ※ ※

几何学标准课程的问题在于，艺术家挣扎奋斗的个人经验，全都被消灭了。证明的艺术性，被毫无生气、形式化的演绎法的僵硬步骤所取代。教科书呈现出一整套的定义、定理及证明，教师们照抄在黑板上，学生们照抄在笔记簿上，然后要求学生再依样画葫芦地写习题。能快速学会这种模式的，就是"好"学生。

结果，在创造的行动里，学生变成了被动的参与者。学生做出叙述，去符合现成的证明模式，而不是因为他们的确这样想。他们被训练去模仿论证，而不是去想出论证。因此，他们不仅不知道老师在说些什么，他们也不知道自己在说些什么。

即使是定义的传统表达方式，也是个谎言。为了创造出简洁的假象，在提出典型的一系列命题和定理之前，先提供一套定义，让叙述及证明可以尽量简洁。表面上，这似乎是无害的：做一些化繁为简的定义，这样叙述起来可以更加轻松便利，不是很好吗？问题在于，定义非常重要。定义是身为艺术家的你认为重要而做出的美学决定。而且它是因问题而产生的。定义是要彰显出来，并让人们注意到一项特质或结构上的属性的。在历史上，这是从问题研究的过程中产生的，而不是问题的前提。

上篇 悲歌

重点是，你不会从定义开始，你是从问题开始。一直到毕达哥拉斯（Pythagoras）试图测量正方形的对角线，发现它无法以分数来表示。在那之前没有人想过，数可能是"无理的（irrational）"。只有在你的论证达到某一点，你必须要做出区别来厘清时，定义才有意义。在没有动机的时候做出的定义，更有可能造成混淆。

这只是将学生排除在数学过程之外的一个例子。学生必须在有需要的时候能够做出自己的定义——自己为辩论做架构。我不要学生说"定义、定理、证明"，我要他们说"我的定义、我的定理、我的证明"。

把这些抱怨都放在一边吧，这种呈现方式的真正问题在于，它很枯燥。效率和经济性并不是好的教学方法。我很难说欧几里得（Euclid）是否赞同此点，但是我知道阿基米德绝对不会赞同。

辛普利丘：我们在这里先停一下。我不知道你的情况如何，不过我是真的喜欢我的中学几何课。我喜欢那个架构，也喜欢在僵硬的证明形式中做几何。

萨尔维阿蒂：我相信你是喜欢的。你可能偶尔也会做到一些不错的题目。很多人喜欢几何课（虽然更多人痛恨它），但是这不是支持目前制度的好理由，这反而强有力地证实了数学本身的魅力。要完全摧毁这么美丽的事物，是非常困难的；即使是数学残留的影子，仍是如此吸引人并让人满足。许多人也还是喜欢按数字涂色，那是令人放松而且有趣的动手活动，虽然那并不是真正的绘画。

辛普利丘：可是我是在告诉你，我喜欢它。

萨尔维阿蒂：如果你曾有过更自然的数学经验，你会更喜欢它。

辛普利丘：所以，我们应该设立一些没有任何形式的数学旅程，学生遇到什么就学什么吗？

萨尔维阿蒂：正是如此。问题会引导出其他的问题，在有需要时，就会发展出技巧，新的主题就会自然地产生。如果有些课题在求学的12年之间都没有遇到过，它会多有趣或多重要呢？

辛普利丘：你完全疯了。

萨尔维阿蒂：我也许是疯了。但是即使在传统的框架下工作，一位好的老师也可以引导讨论和问题的走向，使得学生能自己发现及发明数学。真正的问题是，行政官僚体制不容许个别教师做这样的事。因为要遵循一套课程纲要，老师无法主导教学的内容。标准还有课纲都是不应该存在的，应该让老师做他们觉得对他们的学生最好的事。

辛普利丘：但这样一来，学校怎么保证所有的学生都获得相同的基本知识？我们要如何精确地衡量他们的相对知识程度？

萨尔维阿蒂：学校不能做保证，而且我们也不用这么做。就像在真实的人生中一样，最终你必须面对一个事实，就是人都不一样，但这并没有关系。无论如何，这没有什么大不了。一个高中毕业生不知道什么是半角公式（说得好像他们现在就了解似的！），又怎样？至少那个人对于这个科目到底是怎么回事还有些概念，而且还曾经看到过美妙的事物。

对标准课程纲要的批评，要结束的此时，我要为社会提供一项服务，就是首次完全诚实地呈现 K-12 年级数学的课程纲要。

"标准"数学课程

低年级数学。教化就此展开。学生要学会，数学不是你做的事，而是对你做的事。强调的重点是坐好不动、填写作业纸、遵照指示。孩子们必须熟悉一套综合的算法去运用阿拉伯符号，但这与他们真实的想法或好奇无关，这在几百年前对一般成年人而言都还是很难的事。父母、教师和小孩本身，都要重视乘法表。

中年级数学。教导学生将数学视为一套程序，就像是宗教仪式，是永恒的，且铭刻于金石之上的。颁发圣书，就是数学课本，然后学生学会称呼教会长老"他们"（"他们要什么？他们是否要我做除法？"）。做作的

"应用题"在此时被引入,让这些不须用脑的单调计算,看起来似乎有趣一些。测验学生一大堆不必要的专有名词,像"整数(whole number)"及"真分数(proper fraction)",却对于为何做这样的区分则完全不给理由。为"代数一"做好准备。

代数一。为了不浪费宝贵时间去思考数字及其模式,这门课程将焦点集中在运算时的符号和规则。从古代美索不达米亚楔形泥版的课题,到文艺复兴时期数学家的高等技术,这一路走来每段阶梯的事迹,完全略过不提,代之以令人困惑、支离破碎、后现代式的重述,没有人物、图形或主题。坚持所有的数字和表达都要用各式各样的标准格式,这对于例如恒等式和等式的意义,会造成额外的混淆。因为某些原因,学生必须要默记二次方程的公式。

几何。这在课程当中是独立出来的,让希望投入有意义数学活动的学生燃起一丝希望,然后又让希望破灭。介绍了一堆既不方便又让人分心的符号,不遗余力地让简单的事物看起来很复杂。这门课的目标是将残余的数学自然直觉连根拔除。为"代数二"做准备。

代数二。这门课的主题是令人不知所以和不合理地使用坐标几何（coordinate geometry）。在坐标架构下介绍圆锥曲线，来逃避圆锥体及其截线的美学单纯性。学生要学习没来由地把二次方程重新写成各种标准格式。在"代数二"里，还会介绍指数及对数方程，尽管这并不属于代数，显然就只是因为必须找个地方塞这些主题。这门课选择这样的名称，是为了强化阶梯教学的神话。为什么把几何摆在"代数一"和"代数二"之间，至今仍是个谜。

三角函数。两个星期的课程内容，靠着反复耍弄定义，硬是拉成一个学期的课。真正有趣及美妙的现象，像三角形的边是由夹角决定的，将会和不相关的简写及过时的符号占据同样的重要性，以避免学生对于这个主题的真义产生一点清晰的概念。学生要学习像是

一个数学家的叹息

A Mathematician's Lament

"SohCahToa"[①]及"All Students Take Calculus"[②]这类的记忆法，以取代对于方位和对称性的自然直觉感受。讨论三角测量，但不要提及三角函数的超越特性，或是这类测量所具有的语言及哲学问题。必须用计算机，好让这些课题变得更为模糊。

预修微积分。一堆没有关联性的主题无意义的大杂烩。主要是来自浅薄的意图，想要一整套地介绍19世纪晚期的解析法，然而这样的整合不必要，也没有帮助。极限（limits）和连续（continuity）的技术性定义在这里出现，以混淆对于平滑变化的直觉概念。如课程名称所示，这是要让学生为将来学习微积分做准备的，即对形状（shape）和运动（motion）的自然概念进行系统性的混淆的最后一个阶段，至此，大功告成。

微积分。这门课程将探索关于运动的数学，用一堆不必要的公式来埋葬它是最好的方法。尽管这门课程

[①] 一种计算正弦函数、余弦函数、正切函数的记忆法，可参考 www.mathwords.com.

[②] 一种计算三角函数的记忆法，可参考 http://en.wikipedia.org/wiki/All_Students_Take_Calculus.

是要介绍微分和积分的，但它将略过牛顿和莱布尼茨（Leibniz）的简单而深刻的想法，代之以更复杂的以函数为主的方法，而那是为了对应各种分析危机而开发出来的，在这套课程中并不会真正应用到，当然这些都不会在课程中提到。在大学里，同样的东西会逐字逐句地再上一遍。

※ ※ ※

以上所述，是一张能让年轻心灵永久性瘫痪的完整处方——能有效根治好奇心。这就是他们对数学所做的好事！

这门远古的艺术形式，蕴藏着让人屏息的内涵及让人心碎的魅力。人们将数学当作是创造力的反面事物而远离它，这是多么讽刺的事啊！他们错过了这门比任何书籍都古老、比任何诗篇都深刻、比任何抽象画都抽象的艺术形式，而这正是学校做的好事！无辜的老师对无辜的学生造成伤害，这是多么可悲的无尽轮回。我们所有人，原本可以享有多少的乐趣啊！

辛 普 利 丘：好的，我已经彻底沮丧了。然后呢？

萨尔维阿蒂：嗯，关于一个立方体当中的金字塔，我想我有一些点子可以试试看……

下篇

鼓舞

"数学教育"这毫无意义的悲剧持续上演着，只是每年变得更站不住脚的顽固及腐败。但是我不想再多谈这些了。我已经厌倦了不断抱怨。这有什么意义呢？学校教育的目的从来都不在培养学生的思考力和创造力上。学校只是训练小孩的表现，然后可以根据表现将这些小孩分门别类。数学在学校里被毁灭，这不应该是太意外的事。每一件事在学校里都被毁灭了啊！此外，不用说也知道，当年你的数学课有多枯燥，无意义地浪费时间——你自己亲身的经验，还记得吧？

　　因此，我宁愿跟你多说一些数学真正是什么，以及为什么我这么热爱数学。就如同我前面说过的，最重要的，是要了解数学是一门艺术。数学是要做的。而你要做的是去探索一个非常特别及特定的地方——一个名为数学实境的地方。这当然是一个想象出来的地方，一个简洁、构造迷人的大地，里面有奇幻的想象生物，从事着各种令人着迷、好奇的行为。我要让你有一个概念，关于数学实境看起来像什么，感觉像什么，以及为什么这么吸引我。但是，首先请听我说，这个地方拥有如此令人屏息的美丽与狂喜，使得我将绝大部分醒着的时间都花在了那里。我无时无刻不思索着它，大部分的数学家也都是如此。我们喜欢那里，我们无法离开那里。

就此而言，当一个数学家倒是很像田野生物学家。想象一下，你在热带丛林的周围搭起帐篷，假设是在哥斯达黎加好了。每天清晨，你带着你的大砍刀进入丛林去探索、去观察，一天又一天，你发现越来越爱这个地方的丰富性与奇观。假设你对某种特定类型的动物有兴趣，比方说是仓鼠好了。（我们先不要担心哥斯达黎加是否真的有仓鼠存在。）

而仓鼠是有行为的。它们会做一些很棒、很有趣的事：它们挖地洞、配对、跑来跑去、在空心的木材中做窝。可能你已经对某一个族群的哥斯达黎加仓鼠做了足够的研究，足以让你为它们做标签及命名。萝丝是黑白花色的，喜欢钻地洞；山姆是棕色的，喜欢徜徉在阳光下。重点是，你观察、注意，然后变得好奇。

为什么有些仓鼠的行为和其他仓鼠不一样？什么样的特性是所有的仓鼠都具备的？可以把仓鼠做有意义及有趣的分类及分组吗？老仓鼠是如何创造出新仓鼠的？什么样的特征会遗传下去？简而言之，你有了关于仓鼠的问题——自然、吸引人投入的仓鼠问题，你想要得到答案。

好了，我也有问题了。不过，并不是在哥斯达黎加，也不是关于仓鼠，但是感觉是一样的。有一个充满奇怪生物的丛林，这些生物的行为很有趣，而我想要了解它们。例如，在我最喜欢的数学丛林生物中，有一种绝妙的野兽：1，2，3，4，5……

在这里，请别认为我是发神经了。我知道你对这些符号可能有过相当恐怖的经验，我都可以感觉到你的心脏收缩起来了。放轻松。不会有事的,请相信我,我是专家。

首先,忘记那些符号——它们不重要。名字从来都不是重要的。萝丝和山姆才不在乎你取的那些可笑的宠物名字,照样过自己的生活。这是非常重要的观念:我现在谈的是事物本身与事物的表征两者之间的差别。不论你用了什么样的字眼或是什么样的符号,这都完全不重要。在数学上,唯一重要的是事物的本身,更重要的是,它们是如何运作的。

在人类开始会计数(没人确切知道始于何时)后的某个时间点,人类跨出了非常大的一步,他们发现可以用事物来代表其他事物(例如,用驯鹿的画来代表驯鹿,或是用一堆石头来代表一群人);然后又在某个时间点(同样地,我们不知道确切时间),早期的人类开始有了数目的想法,譬如"3(three-ness)"。不是3颗果子或3天,而是抽象的3。经过了几千年,人类发展出各种语言的数目的表征——记号及代币、带有面值的钱币、象征性的运作体系等。在数学上,这些都没有那么重要。依我看来（一个不切实际、做白日梦的数学家的看法），像是"432"这样的符号表征，不过就是想象中的有432颗石头的石头堆（就许多方面来说，我还比较喜欢石头堆的概念）。对我而言，重要的一步不在于从石头到符号，而是从数量到物件（entity）——5和7的概念不是某种东西的数量，而是生命体（beings），就像仓鼠，具有特性，会有行为。

例如，对于像我自己这样的数学家来说，5+7=12这样的叙述，不只是说5个柠檬和7个柠檬，成为12个柠檬（虽然该叙述的确有此含义）。它对我述说的是，大家所熟知的昵称为"5"和"7"的物件，喜欢进行一种活动（就是"加"），当它们这样做的时候，会形成一个新的物件，我们称之为"12"；而这就是这些生物做的事——不论它们叫什么名称或是谁给的名称。注意，12并不是"从1开始"或是"以2结尾"。12本身不是开始，也不是结束，它就是自己。（一堆石头从何"开始"？）只有阿拉伯数字十进制将12表征为12，是以1开始，以2结尾。你能明白我的意思吗？

一个数学家的叹息
A Mathematician's Lament

身为数学家,我们感兴趣的是数学物件的内在属性,而不是特定文化架构下的世俗特性。69 这个符号倒过来看也是一样的,但是 69 这个数字,却不是如此。我希望你能看出这项从"简单就是美"的美学中自然产生的观点。对于 12 世纪时阿拉伯贸易商带到欧洲的符号体系,我为什么要在意?我在意的是我的仓鼠,而不是它们的名字。

因此,让我们把 1、2、3 等这些数字,想象成是会做出有趣行为的生物。当然它们的行为是由它们的本质决定的,而它们的本质是聚落的大小(sizes of collections)(这正是我们一开始遇到它们时的样子!)。让我们用想象的石头堆来讨论它们:

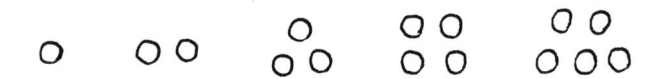

这样我们就可以对它们进行"野外"观察,不会被一些意外的人为符号分散注意或是误导。有一项行为是人类很早就注意到的,就是它们之中有些石头堆可以排

成两个相等的行列：

○○　　　○○○○　　　○○○○○○○
○○　　　○○○○　　　○○○○○○○

数字 4、8 及 14，具备这样的属性，而 3、5 及 11 则没有。这并不是因为它们的名字使然——而是因为它们本身及它们的作为使然。因而在这些数学物件中有一项行为区别：有些会这样做（所谓的"偶数"），而有些则不这样做（"奇数"）。

有个非常明显的原因，让我把偶数想成是雌的，而奇数想成是雄的。偶数（可排成两个相等行列者）具有温和平滑的个性，而奇数则总是有些头角突出。

○○○○　　　○○○○○
○○○○　　　○○○○

由于将石头堆推到一起，是我们很自然会去做的事，因此很自然地，我们也会想知道加法对偶数和奇数的区别有什么影响。（就像是问仓鼠的斑点特征是否会遗传一样。）所以我把这些石头堆摆来摆去一番，结果我注意到一个有趣的模式：

偶数 和 偶数 成为 偶数

偶数 和 奇数 成为 奇数

奇数 和 奇数 成为 偶数

你看出原因了吗？我尤其喜欢两个奇数配在一起的样子：

○○○　　　○○○　　　○○○○○○
○○○　&　○○○○　=　○○○○○○
○○

奇妙的"负负得正"特性在此发扬光大。那些恼人的头角正好彼此填平了！而且我还注意到了，所有的奇数都是这样的，不是只有我选出来的奇数才可以。换言之，这是一项完全一般化的行为，因此这是一个很好的发现。不是使用两列来分类，才这么特别。我们也可以探讨用 3 列、4 列、10 列，探究会有何结果。我们的仓鼠会做些什么？

至此，我知道这些都不是非常复杂，但我真正要你得到的是这种想象物件的感觉，以及它们有趣的行为。了解这个主题的吸引力以及方法（尤其在现代）是很重要的。然而，哥斯达黎加仓鼠和数学物件例如数字或三角形之间，有个关键性的差异：仓鼠是真实的，它们是真实世界的一部分；数学物件，即使最初的灵感是来自现实的观点（例如石头堆、月亮的形状），仍然只是我们想象的事物。

不只如此，它们还是我们创造的，我们赋予它们一些特定的性质，也就是说，它们是应我们的要求而生的。我们在真实世界也会建造东西，但我们总是受限于及受阻于真实世界的本质。有些我想要的东西，因为原子运动和重力作用的关系，我就是无法获得。但是在数学实境里，因为那是想象的，我差不多可以真的得到我想要的。例如，如果你告诉我 1+1=2，我不能改变它，但我可以单纯地梦想有一种新的仓鼠，当你把它和它自己加在一起，就会消失不见：1+1=0。也许这个 0 和 1 不再是聚落，而且也许这个"加"不是将聚落堆到一起，

一个数学家的叹息

A Mathematician's Lament

但我仍然会有某种"数系"。当然,这会产生不同的后果(像是所有的偶数都会等于零),但是就任其发展吧。

尤其是,如果我们觉得合适,我们还可以任意地"美化"或"改善"我们的想象架构。例如,过了很长一段时间,数学家逐渐萌生一种想法,1、2、3等等这样的聚落,在某方面还颇不适当。这个系统有让人很不舒服的不对称性存在,我们永远都可以增加石头,但是却不是永远都可以拿走石头。"你无法从2拿走3",这就是真实世界的箴言,但是我们数学家不喜欢人家告诉我们什么可以做,什么不可以做。所以我们加入一些新的仓鼠,好让这个体系更美好一些。具体地说,就是扩充我们聚落大小的符号,将零包含进来(空的聚落),然后我们可以对新的数字例如"–3"定义为"和3相加得到零的数字"。其他的负数也都类似如此定义。请注意,这里的哲理是——一个数字就是这个数字做了什么。

更特别的是,我们可以将老式的减法行为,换成是比较新潮的概念:反向的加法。过去我们说"从8拿走5"或"8减5",现在我们可以(如果我们希望这样做的话)

把这个活动看成是"8加-5"。这样做的优点是，我们只需进行一种运算：加法。我们把减法的概念从运算世界里拿掉，转到数字本身身上。因此，脱掉鞋子这件事，可以想成是穿上我的"反—鞋子"。当然我的"反—反—鞋子"就会是我的鞋子。你是否看出了这个观点的迷人之处呢？

同样地，如果乘法是你感兴趣的东西（也就是说，复制石头堆），你也可能注意到它也让人不舒服地缺乏对称性。什么数字3倍之后为6？这还用问吗，当然是2。但是什么数字3倍之后为7呢？没有任何一个石头堆像那样。这多恼人啊！

当然我们不是真的在谈石头堆（或反—石头堆）。我们谈的是一个抽象的想象结构，而灵感是来自石头堆。所以如果我想要有个数字3倍之后为7，那我们就可以建造一个。我们甚至无须去工具间取得工具——我们只要"把它带出来"就好了。我们甚至可以给它起一个名字像是"7/3"（这是一个埃及缩写符号的修正版，代表"乘以3之后为7的数字"），以此类推。所有算术常用的"规则"都只是这些美学选择的结果而已。所有那些常常出现在学生面前的冷酷、无聊的事实及公式，其真实面目都是这些新的生物彼此互动所产生的令人兴奋的动态的结果——由它们内在的本性所玩出来的模式。

以这样的方式，我们游戏、创造、试着更接近完全的美丽。17世纪初期有个著名的例子，就是射影几何（projective geometry）的发明。这里的想法是拿掉平行性（parallelism），来"改良"欧几里得几何。先把这个决定的历史动机［与透视数学（mathematics of perspective）有关］摆在一边不谈，我们至少能欣赏到一项事实，就是一般而言两条直线会相交于单一的一个点，而平行线则打破了这个模式。以另一种方式来说，两个点决定一条线，但是两条线不必然决定一个点。

这项大胆的想法是，在传统的欧几里得平面上增加新的点。具体地说，我们在这个平面上每个方向无限远的地方创造一个新的点。因此，伸向那个方向的两条平行线现在都会在那个新的点上"相会"。我们可以想象那个交会点是在那个方向无限远的地方。当然，由于每条线都是向两个相反的方向无限延伸的，那个新的点必然是位于两个方向上无限远的地方！也就是说，我们的直线现在是无限的回路！这个想法很前卫吧？

请注意，我们的确得到了我们要的：每一对直线都正好相会在一个点上了。如果它们原来就曾相交，那它们符合这个叙述；如果它们是平行的，现在它们会相交在无限远。（完整地说，我们应该再增加一条线，包含所有无限远的点。）现在，任两点决定且只决定一条线，而任两条线决定且只决定一个点。这样的环境多么美好啊！

对你来说，这会不会听起来像是精神病患的疯言疯语？我承认这需要一些了解。也许你反对这些新的点，因为它们不是真的存在"那里"。但是欧几里得的平面一开始就存在吗？

重点是这些都不是真实存在的事物，所以除了我们想要制定的规则和限制之外，并没有其他的规则和限制。这里的美学观很清楚，无论是从历史上还是哲学上而言：如果一套模式既有趣又有吸引力，那就是好的模

一个数学家的叹息

A Mathematician's Lament

式（如果这表示你必须要为一个新构想绞尽脑汁，那就更好）。尽管去建构你想要的任何东西，只要不是讨人厌的无聊东西就好。当然这是品位问题，而品位会随着时间改变和进化的。这就来到艺术史的范畴了。身为一个数学家，好像跟聪明不是那么相关（虽然那绝对有很大的帮助），而是要有美学上的感受力，以及具有精致、有鉴赏力的品位。

尤其是，自相矛盾通常被视为令人讨厌的。所以，至少我们的数学创造物必须要有逻辑上的一致性。在延伸或是改良现有架构的时候，这一点尤其重要。我们当然是可以任意做我们想做的，但是通常我们在延伸扩张一个系统时，不能让新的模式与旧的模式发生矛盾（例如与负数或分数的计算产生矛盾）。偶尔，这会迫使我们做出不想做的决定，像是解除以零作为除数的限制（如果"1/0"这样的数字存在的话，将会和"任何数字乘以零都是零"这个很好的模式产生矛盾）。无论如何，只要是符合一致性，你几乎可以做任何你想做的事。

因此，在数学的风景里充满了这些我们为了娱乐自己而建构出来（或是偶然发现）的有趣又可爱的架构。我们观察它们、留意它们的模式、尝试做出简洁又令人信服的叙述，来解释它们的行为。

至少，那是我在做的事。有的人的方法一定和我相当不同——务实心态的人寻找的是真实世界的数学模型，好帮助他们做预测或是改善人类的某些现状（或至少改善他们公司的资产负债表）。然而，我不是那些人。使用数学，我唯一感兴趣的是用数学来度过美好的时光，以及帮助别人也做到这一点。对我的人生而言，除此之外我想象不出更有价值的目标。我们所有人，出生到这个世界，到一定时候都会死掉，这就是人生。在这段时间里，让我们好好享受我们的心智，享受我们的心智创造出来的奇妙又好玩的事物吧。我不知道你的情况怎样，但我可是乐在其中呢。

我们再深入这个丛林一些，好吗？现在，你必须感谢人们已经做了好长一段时间的数学（过去300年左右更是密集），而且我们已经有了许多惊人的发现。这里举一个我一直都非常喜爱的例子：你把前面几个奇数相加，会得到什么结果？

$$1 + 3 = 4$$

$$1 + 3 + 5 = 9$$

$$1 + 3 + 5 + 7 = 16$$

$$1 + 3 + 5 + 7 + 9 = 25$$

对于新手来说，这可能看起来像是随机的一堆数字，但是这个序列：

4，9，16，25……

但绝对不是随机的。事实上，这些正好是平方数。也就是说，这些正好是你要做完美的正方形时，所需要的石头数目。

因此，平方数因为具有这种特别吸引人的特质，而从其他的数字中凸显了出来，这也是它们得到这个特殊名称的原因。这个名单当然会无限地延续下去，因为你可以做任何规模的正方形（这些是想象的石头，因此我们可以无限量供应）。

但这是多么惊人的发现啊！为什么把连续的奇数相加起来，总是得到平方数呢？让我们更进一步地探讨下去：

$$1 + 3 + 5 + 7 + 9 + 11 + 13 = 49$$

（这是 7 × 7）

$$1 + 3 + 5 + 7 + 9 + 11 + 13 + 15 + 17 + 19 = 100$$

（这是 10 × 10）

看来一直都成立喔！而且这完全不是我们能够控制的。这是否为奇数具有的真正（令人惊讶而美妙）的特性？对此我们无法断言。虽然我们创造了这些事物（这本身就是一个严肃的哲学问题），但现在它们横冲直撞，做出了我们意料之外的事。这就是数学具有的"科学怪人"的一面——我们有权定义我们的创造物，将我们选择的特征或特质灌注进去，但是对于可能随之而产生的行为，也就是因我们的选择而发展出来的结果，我们是没有发言权的。

在此，我无法强迫你对于这个发现感到好奇。你可能有兴趣，也可能没兴趣。但是至少我能告诉你为什么我会好奇。首先，"奇数相加"和"做平方数"（亦即数字和自己相乘）看起来像是不同类的动作。这两个概念看起来并没有很大的关系。因此，这中间必定有什么东西是违反直觉的。我被这个关联的可能性所吸引——一种新的预料之外的关系，可能使我的直觉变得更好，而且可能会对我思考这些事物的方式产生恒久的改变。我认为对我而言，这是真正的关键部分：我想要被改变，我想要从根基上彻底地被影响。这也许是我搞数学的最大原因。我未曾见过或做过任何事，能像数学有这么大的转变力量。我的心智几乎每天都受到冲击。

另一件要注意的事情是，奇数的集合是无限的。这一直都是神奇且令人着迷的。如果我们的模式实际上到某个地方就无法持续下去了，我们如何知道呢？检查了前面100万个例子，无法证明什么——我们的模式可能在下一个例子就不成立了。事实上，关于整数就有数百个简单的问题，至今仍无解——我们就是无法知道模式是否能够持续下去。

所以我很想知道你对我们这个问题的感想。也许这不是你的风格,可是我仍然希望你能体会我为何喜爱它。大部分是因为我爱它的抽象性、纯然的简单。这不是那些复杂的国会选区重划议题或是电子的碰撞问题。这是奇数,好吗?它脱俗而纯粹、放诸四海而皆准的特质,深深地吸引着我。这些不是毛茸茸、有味道、有血流、有内脏的仓鼠;它们是我想象的快乐、自由、比空气还轻的想法。还有,它们真的会令人吓一跳!

你了解我的意思吗?它们就是简单得吓人。这些不是科幻小说里的外星人,这些是化外生物,而且它们企图要做些什么。它们似乎加起来总会是平方数。但是原因呢?此时我们有的只是对奇数的猜测。我们已经发现了一种模式,而我们认为这会继续下去。如果我们需要的话,甚至可以证明1兆个例子都能成立。然后我们可以说,就实际上而言,这个模式是成立的。但是这不是数学。数学不是"真相"的集合(无论真相有多么有用或有趣)。数学是理由与了解。我们想要知道为什么,而不是为了任何实际上的目的。

在这里，艺术就产生了。观察和发现是一回事，但是说明是另一回事。我们需要的是一个证明，也就是可以帮助我们了解为什么会发生这个模式的一个论述。数学证明的标准高得要命。一项数学证明应该是绝对清晰的逻辑推论，如我先前所说，不只需要符合标准，而且要符合得很漂亮。这就是数学家的目标：以最简单、最直接，逻辑上尽可能符合标准的方式做解释，褪去神秘并揭露出简单、清晰的真理。

如果你是我的学生，我们有较多的时间在一起，我会在这一点上让你开始思考、奋斗，然后看你会搞出什么样的说明。（如果你要现在停止阅读，开始来做这件事，那是最好不过了。）由于我的目标是让你体验数学的美丽，所以我将给你看一个很不错的证明，看你觉得怎么样。

我们要如何开始证明这件事呢？这和目标是说服其他人的律师不一样，和用实验测试理论的科学家也不一样。这是在理性科学世界里的一种独特的艺术形式。我们试图打造一首"理性的诗篇",完整、清晰并且符合最挑剔的逻辑要求,而同时又能让我们感动得起鸡皮疙瘩。

有时候我会将数学评论想象成一只"双头怪兽"。第一颗头要求的是滴水不漏的严谨逻辑解释,在推理上绝对不能有缺口,或是有任何打马虎眼的模糊空间。这颗头非常注重细节,且全然的冷酷无情。我们都恨它实在太唠叨,但在我们心底,我们都知道它是对的。第二颗头要求的是纯然的美丽与简洁,让我们感到愉悦,不光是能验证它,而且要得到更深刻的理解。通常我们是更难让这颗头满意的。任何人都可以符合逻辑[事实上,演绎法(deduction)的有效性甚至可以机械式地加以检验],但是要产生一个真正的证明,却是需要灵感和神迹的显现。与此类似,要画一幅精确的画作,不是那么困难,可以靠训练观察力和娴熟的技巧来完成。但是要画出有内涵的画——能传达情绪,能与我们对话的画——则完全是另一回事。简而言之,我们的目标是要安抚住这只"双头怪兽"。

一个数学家的叹息
A Mathematician's Lament

不是每个证明都是那么容易得到的。我们大多数人都被我们的题目搞得挫折万分，所以当我们好不容易弄出个又丑、又厚重的论证（假设是逻辑上有效的）时，也会很高兴。至少我们可以确定我们的猜测是正确的，不会有反例存在。但这是无法令人满意的状态，不能持续下去。如同哈代所说："丑陋的数学在这世界上没有长久的立身之地。"历史告诉我们，最终（也许几个世纪之后）总会有人发现真正的证明，那个证明传达的不仅是个信息，也是天启（revelation）。

但是我们要怎么做呢？没有人真正知道。你只能不断尝试，忍受失败、挫折，渴望灵感到来。对我来说，这是一场探索，一次旅程。通常我或多或少地知道要去哪里，只是不知道如何到达那里。我唯一确知的是，没有经历许多痛苦、挫折，揉掉大量的纸张，我是到不了那里的。

所以让我们想象一下，你和这个题目已经游戏了好一段时间了，然后在某个时刻，你突然领悟：这个模式所要说的是，任何正方形设计都可以分解成奇数的碎片。因此你尝试了切割的方法。刚开始的一些尝试都成功了，但是没有真正的统一性——它们看起来像是随机的，没有一般性：

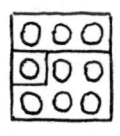

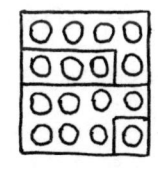

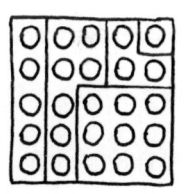

然后，突然之间，呼吸停止、心跳加速的一瞬间，云开见日，你终于看到了：

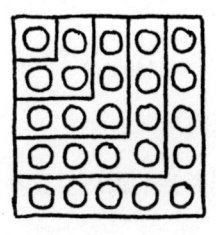

一个正方形是L形叠起来的集合，这些L形里面全部都是奇数。我发现了！现在你了解为什么数学家会从浴缸里跳起来，裸着身体冲到街上了吧？你了解为什么

一个数学家的叹息
A Mathematician's Lament

这个没有实用性、像小孩子玩的游戏,会这么让人无法自拔了吧?

我尤其希望你能了解的就是这种感受,神圣天启的感受。我觉得这个结构一直都"存在",只是我看不到。如今我能看到了!这是让我一直待在数学游戏里的真正原因——我有机会窥见某种秘密、最原初的真相,某种来自神的信息。

对我而言,这种数学经验是直指人类存在意义的问题核心。而我甚至要更深入地说,数学,这种抽象的创造模式的艺术——更甚于说故事、绘画或是音乐——是我们最典型的艺术类型。这是我们的大脑要做的事,不管我们是否喜欢动脑。我们是生化的模式辨识机器,而数学正是我们存在的意义。

让我们再回到原来的议题。这些L形的东西事实上是遵循着某种模式的,这一点是否清楚呢?每一个相接的L形都正好是连续的奇数,而且这个模式会一直持续下去,这一点是不是显而易见的呢?(这类的怀疑是典型的"双头怪兽"第一颗头的要求。)我们知道我们认为这些L形在做什么，以及我们要它们做些什么，但是谁说它们就会遵照我们的想法呢？

这是在数学里一直都会发生的事。如果证明本身是一个故事，那么它会有段落或是章节，就像小说中的场景一样。我们的解释论述所做的事情，就是将问题分解成较小的问题。这是数学评论中很重要的一部分。这不表示我们的证明错误或是不好，我们只是要更谨慎地检验它，将它切片放在理性的显微镜下检查一番。

那么为什么L形会是奇数呢？最角落的地方当然是只有1颗石头，而下一片L形会有3颗，不管这个正方形有多大都一样。实际上，我假设我们可以包容一个可能性，就是我们的"正方形"只有1颗石头。你是否要包含这类"琐碎"的案例，完全由你决定。典型的做法是将它包含在内，因为它不会破坏我们的模式：第一个奇数的和，1，事实上是第一个正方形，1×1。（如果你的兴趣更进一步，你想要包含0——第0个奇数的和，等于0×0——那么你可能要慎重地考虑当个职业数学家。）无论如何，头几个L形很明显地符合我们的期望。

一个数学家的叹息
A Mathematician's Lament

但是，当正方形大到超出我们画图或计算的能力后，这个模式也会持续下去，这一点是明显清楚的吗？让我们想象一个假设的 L 形：

有一点很重要，要了解我心里没有任何特定的大小规模，只是维持开放的心态，很普遍性地论述——这是个任意大小的 L 形。如果你想要，可以称它为第 n 个——彰显本质的那一个。希望我们可以体验到我们下一个澄清的时刻：

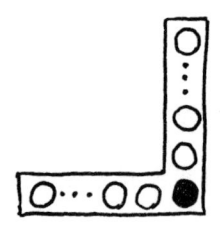

任何 L 形都可以分解成两条"臂"和一个"交点"。两条臂是相等的,所以它们包含相同的数目,而交点则只有一个。这就是为什么总数永远是奇数!更进一步,当我们从一个 L 形到下一个 L 形时,我们看到每一条臂都多了正好一颗石头:

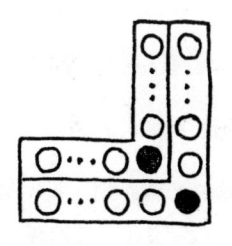

这表示每一个相接的 L 形都比前一个多了正好 2 颗石头。这就是为什么这个模式会一直持续下去!

这是一个让大家了解做数学是什么的例子。与模式游戏,注意观察事物,做出猜测,寻找正反例,被激发去发明和探索,做出论证并分析论证,然后提出新的问题。这就是做数学。我并不是说这是极为重要的事,它不是。我并不是说这可以治愈癌症,它不能。我说的是它很有趣,以及它让我感觉很好。还有,它是完完全全无害的。人类活动中有多少是可以让你这么说的？

还有，我要点出一些重点。首先请注意，一旦我知道为什么某件事是恒真的，那么我们就知道它是真的。即使有1兆个例子，也无法告诉我们任何事。在无限数量的情况下，要知道它是什么的唯一方法，就是要知道为什么。证明，是我们以有限的方法，去捕捉无限数量的信息。这就是具有某种模式的意思——如果我们有办法用语言捕捉到这个模式的话。

我想要你欣赏的另一件事，是数学证明的决定性（finality）。这并非暂时性或假设性的，也不会在将来变成是错的。这论述是完全自足的（self-contained），我们无须等待实验来确认。

最后，我要再次强调：在此重要的不是"连续的奇数相加会得到平方数"这个事实，重要的是发现、说明和分析。数学真理只是这些活动附带产生的副产品。绘画的目的不是要被挂在博物馆的墙上，而是你所做的事——你用画笔和颜料所得到的体验。

依我看来，艺术不是名词的集合，而是动词——甚至是生活的方式（或至少是解闷、逃避的一种手段）。将我们刚才一起经历过的冒险，降格简化为只是一项事实的叙述，这是完全弄错了重点。重点在于我们创造了一件事物。我们创造了美妙、令人陶醉的事物，而且我们做得津津有味。有那么个火花闪烁的瞬间，我们掀起了面纱，瞥见了永恒的纯粹美丽。这难道不是极有价值的事物吗？人类最迷人和最富想象力的艺术类型，难道不值得让我们的孩子去接触吗？我认为，绝对值得。

所以，我们现在就来做数学吧！我们刚才看到了将连续的奇数相加起来，一定会是平方数（更重要的是，我们知道为什么）。如果我们将连续的偶数相加起来，又会有什么样的结果呢？将所有的数都加起来呢？是否有简单的模式存在呢？你可以解释为什么是这样吗？好好玩一下吧！

等一下，保罗。你说数学不过是心理上的自我满足？做出想象的模式和结构，然后研究它们并尝试为它们的行为做出漂亮的说明，而这全都是为了某种纯粹的智性美学？

一个数学家的叹息
A Mathematician's Lament

是的，那正是我的意思，尤其是纯数学（我指的是数学证明的艺术）完全没有实际或是经济的价值。你也知道，实用的东西是不需要说明的。它们不是能用，就是不能用。即使你找到一个方式，可以将我们的奇数发现用在某种实际用途上（当然有很多数学确实是非常有用的），你也没有必要做我们那些漂亮的说明。如果它在前1兆个数字上有用，那它就是有用。牵涉到无限数量的问题，不会出现在商业上或医学上。

无论如何，重点不在数学是否具有任何实用价值——我不在乎它有没有。我要说的是，我们不需要以这个为基础来证实它的正当性。我们谈的是一个完全天真及愉悦的人类心智活动——与自己心智的对话。数学不需要乏味的勤奋或技术上的借口，它超越所有的世俗考量。数学的价值在于它好玩、有趣，并带给我们很大的欢乐。说数学很重要是因为它很有用，就像是说小孩子很重要是因为我们可以训练他们做精神上无意义的劳动，以提高公司的利润。难道，我们真的这样想吗？

下篇 鼓舞

※ ※ ※

让我们快速逃回到丛林中吧。正如同仓鼠占据了特定的生态定位——它们有喜欢吃的植物和昆虫，它们栖息在特定的地理位置和领域，数学问题也有栖息的环境——结构上的环境。让我试着以我个人喜爱的另一个例子来做说明。

这里有两个点，位于一条直线的同一侧。题目是，从一个点到另一个点，且要碰触到直线，最短路径为何？（当然，要碰触到直线这个要求，是这个题目的趣味之所在。如果我们去掉这个要求，那么答案很明显，就是连接两个点的直线了。）

很明显，最短的路径看起来一定像是这样：

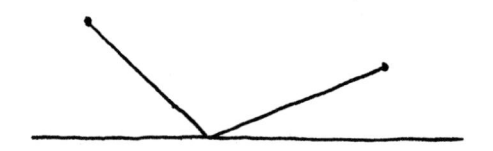

由于我们的路径必须碰触直线的某个地方，我们必须以直线抵达这个地方。问题在于，"这个地方"是哪里？在这条线所有有可能的点当中，哪一个点能给我们最短的路径？还是，它们的长度全都相同？

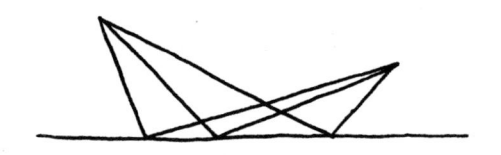

这是一个多么明确又迷人的题目啊！这样令人愉悦的背景设定，让我们可以在其中运用创造力和巧思。还有，请注意：我们甚至不必做任何猜测。对于最短的路径，我们没有任何线索，所以我们甚至不知道要去证明什么！所以，我们要发现的不只是对于真相的说明，首先还必须找出真相才行。

再一次地说，身为你的数学老师，我应该做的正确的事，就是什么都不做。这似乎是大多数老师（及一般成年人）认为无法做到的事。如果你是我的学生（且假设你对这个题目有兴趣），我只会说:"好好地玩吧，有什么结果随时告诉我。"而你和这个题目的关系将会顺其自然地发展下去。

然而，我将利用这个机会给你看另一个美好的数学论证，希望这能够吸引你，并且启发你的灵感。

事实上，结果是只有一条最短的路径，我来告诉你如何把它找出来。为了方便起见，我们将这两个点命名为 A 和 B。假设我们有一条路径从 A 到 B 且碰触到直线:

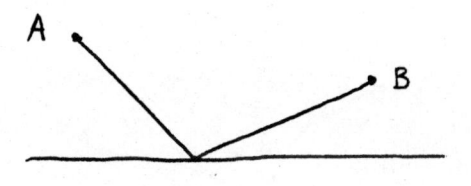

有一个非常简单的方法，可以告诉我们这条路径是否为最短。这个构想，是几何学当中最令人惊讶和

一个数学家的叹息

A Mathematician's Lament

出人意料的构想之一,就是寻找在直线另一侧的镜射(reflection)!具体而言,让我们取这条路径的其中一段,也就是从碰触到直线那一点到 B 点的这一段,镜射到直线的另一侧:

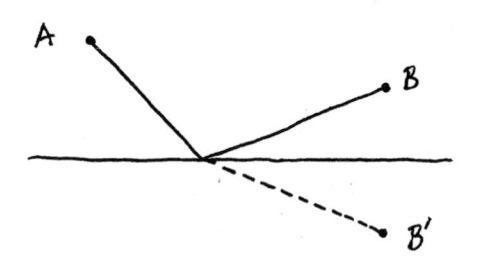

现在我们有了另一条路径,从 A 点出发,穿过直线抵达 B′ 点,B′ 点是 B 点的镜射。用这个方式,任何从 A 到 B 的路径都可以转换成从 A 到 B′ 的路径:

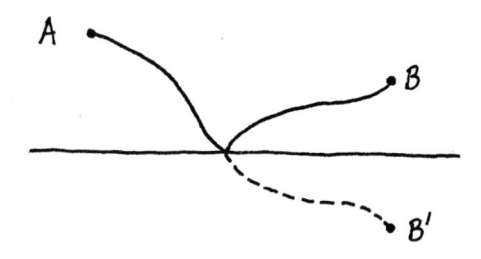

重点来了：新路径的长度和原路径的长度是相同的！你看出来为什么了吗？这表示，找出从 A 到 B 要碰触到直线的最短路径，等于要找出从 A 到 B′ 的最短路径。但是这容易多了——就是直线啊！换言之，我们要找的路径很简单，就是镜射之后为直线的路径！

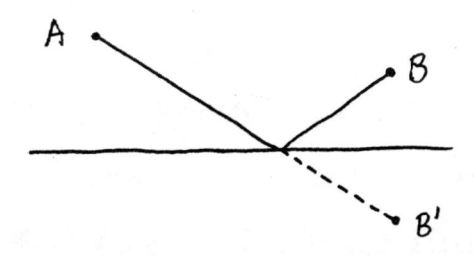

这不是很厉害吗？真希望我看得到你的脸——看到你的眼睛是否亮了起来，确定你真的意会到这个重点。数学在根本上就是一种沟通的行为，而我要知道我的想法是否传达出去了。（如果眼泪没有从你脸庞流下来，也许你该再读一遍。）

我要你知道，当我第一次看到这个证明时，我完全被震慑住了。震撼我（至今仍然如此）的是它的反常。

一个数学家的叹息
A Mathematician's Lament

我要说的重点是,两个点都在直线的上方,它们之间最短的路径也在直线的上方。这和直线下方有什么狗屁关系啊?对我而言,这是个动摇根本的论证,绝对是我数学成长经验的一部分。

所以我要用这个题目来评论一下现今数学家看待这个学科的方式。这个题目真正要传达的是什么?我们面对的是什么样的议题?首先要注意的是题目的背景设定(setting)——点、线、行为发生的平面、对于距离或长度的意识——这些都是几何的(geometric)结构特征。这个题目符合关于空间环境及距离观念的问题类型。范围远从古希腊人的"初等"几何想法(其灵感来自早期埃及人对于真实世界的观察),到最抽象、奇异的想象的结构——其中有许多和真实世界中的东西一点关系都没有。(这不表示我们知道真实世界是什么,但你应该知道我的意思。)

基本上,数学家将"点"(可能相当武断和抽象)以及点和点之间"距离"(它可能不像任何我们所熟悉的事物)的概念,相关的这些题目和理论归在一个群组，用了"几何学的（geometric）"这个形容词。例如，一个包含了红色珠子和蓝色珠子五颗一串的珠串组成的"空间"，可以定义其几何结构为：两个珠串之间的距离，为珠串排序位置上颜色不同的珠子的数量。因此，"红蓝蓝红蓝"和"蓝蓝蓝红红"这两个点之间的距离为2，因为第一颗和最后一颗这两个位置的珠子颜色不同。在这个空间中，你能找出一个"等边三角形"（也就是三个点彼此之间的距离都相等）吗？

同样地，问题的类型也可以是代数、拓扑、分析的结构等，或是上述各种问题类型的组合。数学的某些领域，像是集合论、序型（order types）研究，是关于一些几乎没有任何结构的物件，然而其他（例如椭圆曲线）则涉及我们所知的几乎所有的结构类型。这类架构的重点，和生物学的分类是相同的——帮助我们理解。知道仓鼠是哺乳类（这并非武断的分类，而是结构上的分类），可以帮助我们预测，以及知道要观察的重点。分类是我们直觉的指南。同样地，知道我们的题目具有几何学的结构，可以给我们很多线索，让我们不必把时间浪费在不符合那个结构的方法上。

例如，在刚才那个最短路径的题目里，若有任何解题计划涉及弯曲或扭转的，几乎注定要失败，因为这类动作会扭曲形状，并搞乱长度的信息。我们应该去思考保持结构（structure preserving）的动作和转换。我们题目的例子，在欧几里得几何环境中，自然的动作会是那些将距离保持住的，例如滑行、旋转、镜射。从这个观点看，镜射的使用可能不再那么令人意外；它是这类题目结构框架下一个自然的元素。

但是这还没有结束。关于证明这件事，它永远有办法证明得比你想要的更多。该论证的精髓在于这项事实：跨越直线的镜射，保持住了距离。这表示我们的论证适用于有点、线、距离、镜射观念的任何背景设定。举例来说，在一个球面上，跨越赤道（equator）有一个镜射的概念：

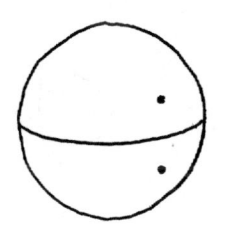

这表示赤道（当我们将球体对半切时的切口曲线）是"直线"在球面上的自然类比。事实上，在球面上两个点之间最短的路径，是走赤道。（这就是为什么飞机常采取此航线的原因。）

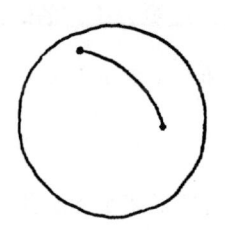

因此，在球面上的相对应题目就会是：在赤道同一侧的两个点，连接两点并碰触赤道的最短路径为何？我的重点是我们同样的论证仍然行得通。同样的，是与镜射点成直线的路径。

一个数学家的叹息
A Mathematician's Lament

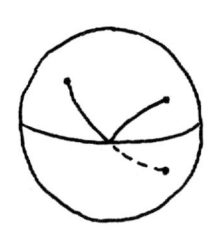

如果我们有两个点在一个平面同一侧的空间里呢?

我要说的就是，证明会比它的诞生背景来得重要。一个证明会告诉你什么是真正重要的，什么只是一堆尘埃或是不相关的细节；证明将面粉和粗糠分开。当然，就这个观点而言，有些证明是优于其他证明的。常常新的论证被发现出来后，显示出过去认为重要的假设实际上是没有必要的。我在这里真正想告诉你的是，数学结构与其说是我们设计和建造的，还不如说是我们的证明所设计和建造的。

数学的历史发展（尤其在过去两三个世纪）显现出

一致的无可否认的模式：先是问题（题目），来源众多且多样，这常常是受到真实世界启发产生的。然后，在不同的问题间建立联结，通常是因为在各种证明中出现的共同元素。然后设计出抽象结构，可以"承载"形成联结的那类信息［典型的例子是"群（group）"的概念，它抽象地捕捉了封闭的行为系统的概念。例如，代数运算如加法，或是像旋转或重排这类的几何或组合系统的转换］。最终，新抽象结构的行为相关问题被提了出来——分类法问题、不变量的建构、子物件（sub-object）的结构等。而过程会继续下去，因为抽象结构之间的新联结被发现，产生了更强有力的抽象化。因此，数学与它"朴素的"起源是越走越远了。数学的某些领域，如逻辑和范畴论（category theory），它们关心的所谓空间，里面的"点"就是数学理论本身！

举个小例子来说明，我们路径问题的关键思路在于镜射。镜射有个有趣的特性，就是当你做两次镜射，结果会回到原来，就像是你根本没做镜射一样。这是否让你想起什么呢？这就像是我们自我毁灭的仓鼠一样——

一个数学家的叹息
A Mathematician's Lament

新版本的1，会让1+1=0的1。在这里，我们在代数结构和几何结构之间有了联结。这提出了一大堆问题，不同的数系可以具备几何表征到什么程度。你是否能建构出一个数系，它的行为像是三角形的旋转呢？

我真正尝试要解释的是，身为一个现代数学家，我们总是费心寻找结构，以及可以保持结构的转换方法。这个方法不只提供给我们一个有意义的方式，可以将问题归类在一起，以及可以了解它们的本质；同时也帮助我们在寻找证明的方法时，能缩小范围。如果一个新的题目和我们已经有解的题目，属于相同的结构类别，我们就可以使用或修正原来的方法。

好了，现在抓起你的登山砍刀，我们回到丛林里去吧。我禁不住要再给你至少一个数学美学的例子。我喜欢称这个题目为"派对上的朋友（Friends at a Party）"：在一个派对上，一定会有两个人有相同数目的朋友吗？

首先，要确定我们字词的定义。人是指什么？朋友是指什么？派对又是什么？数学家如何处理这些议题？当然，我们不需要处理真正的人类和他们复杂的社交生活。简单的美学，要求我们甩开所有这类不必要的复杂性，直指事件的核心。这不是一个关于人和朋友的问题，这是关于"抽象的"朋友关系。因此，派对变成"朋友关系结构"，包含了一组的物件（它们是什么并不重要），以及它们之间（可能是双向的）关系的集合。

如果需要的话，我们可以使用一个简单的图形来想象这样的结构：

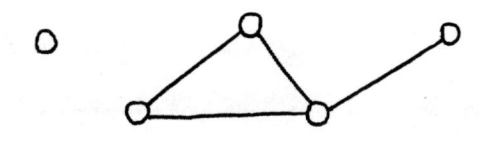

这里是有五个人的派对，包括一个陌生人（没有朋友）以及一个相对活泼的人（有 3 位朋友）。而刚好有两个物件有相同数目的联结（假设为 2 个朋友，就是 2）。

因此，这是一个简单而美妙的数学结构类型［在数学这一行称为组合图（combinatorial graphs）］，关于它们有一个自然又有趣的问题：是否每个图形都有一对（两

一个数学家的叹息

A Mathematician's Lament

个)物件有相同数目的联结?(当然,我们假设我们图形中有一个以上的物件。)

然而,像这些问题的数学题目都是从哪里来的呢?我告诉你:它们都是来自游戏。就是在数学实境里游戏,通常心中没有特定的目标。不难发现好的问题——只要你自己走进丛林中。走不到三步,你就会被有趣的事物给绊倒:

你:保罗,我刚才在想你之前说过的问题,将数字排成列,然后我注意到有些数字非常奇特,它们没办法排成任何平整的行列。像 13 就是一个例子。

我:你总是可以把 13 个排成一列……或是每列 1 个排成 13 列!

你:是的,但是那很无趣啊。任何数字你都可以这样做的。我是指至少排成两列。无论如何,我就开始把这些奇怪的数字列出来,就像这样:

1, 2, 3, 5, 7, 11, 13, 17, 19, 23, 29, 31, 37, 41, 43, 47……

这个清单似乎会一直继续下去，但我还是找不到它的任何模式。

我：喔，你发现某件非常神秘的事物了。实际上，我们对于你的这些奇怪数字，所知并不太多。我们确定知道的一件事，是它们会一直继续下去——那些不能排成行列的数字是无限多的。也许你可以尝试去证明这一点。

你：是的，我会好好想想。无论如何，我注意到这份清单上的一件事，就是数字间的间距。随着数字变大，间距似乎通常会变大，但是有时候，你会得到这些小团块，像是17与19还有101与103它们的距离只有2。这样的情况会持续发生吗？

我：没人知道！你的奇怪数字被称为"质数（primes）"，而那些成对的被称为"孪生质数（prime twins）"。它们是否会一直出现，这个问题被称为"孪生质数猜测（twin prime conjecture）"。事实上，这是算术上最有名的未解问题之一。研究这个问题的大多数人（包括我自己）感觉到这可能是真的——孪生质数应该会一直出现——但是没有人能确定这一点。我希望在我有生之年能见到这个证明，但对此我不是非常乐观。

你：真是诡异啊，这么简单的事物，却变成这么艰难的问题！我还注意到另外一件事，在3，5，7之后，似乎不再出现连续三个质数。这是真的吗？

我：三胞胎质数（prime triplets）！你找到一个很棒的题目。你何不研究一下这个问题，然后看看你会得到什么结果……

（几天之后）

你：我想我有所发现喔！我找的是三胞胎质数，而我却注意到另一件事：当你有3个连续的奇数，其中一个必是3的倍数。例如13，15，17中间的数字就是 5×3。

我：太棒了！这确实解释了为什么3，5，7是仅有的三胞胎质数——唯一是3的倍数的质数就是3本身。现在你只需要找出为什么3个连续的奇数中必然包含有3的倍数。

你：这个过程会不会有结束的时候？数学会不会有尽头呢？

我：不会的，因为为题目求解总是会带来新的问题。例如，现在你已经让我开始想 5 个连续的奇数中是否一定包含有 5 的倍数……

数学问题就是这样产生的——出自真诚而有意外收获的探索。而这不是生活中每一件伟大事物的运作方式吗？小孩子了解这一点的。他们知道学习和游戏是同一件事。悲哀的是，成年人已然忘却。他们把学习想成是讨厌的工作，所以学习就变成讨厌的工作了。他们的问题是意念所生（intentionality）。

所以我要给你的唯一实用忠告是：玩游戏就对了！做数学不需要证照。你不需要上课或读书。数学实境是你的，往后的人生你都可以悠游其中。它存在于你的想象之中，你可以做你要做的任何事。当然，也包括不做任何事。

如果你刚好是学校里的学生（我为你哀悼），那么

一个数学家的叹息
A Mathematician's Lament

请试着不要去理会数学课程中无来由的荒谬。如果你想的话,你可以真正去做数学来逃离无聊和厌烦。当你盯着窗外等待下课铃响之际,能想点有趣的事,这还挺不错的。

如果你是数学老师,那么你更是需要在数学实境中悠游。你的教学应该是从你自己在丛林中的体验很自然地涌出,而不是出自那些在紧闭窗户的车厢里的假游客观点。所以,丢掉那些愚蠢的课程大纲和教科书吧!然后,你和你的学生可以开始一起做些数学。严肃地说,如果你没有兴趣探索你自己个人的想象宇宙,没有兴趣去发现和尝试了解你的发现,那么你干吗称自己为数学教师?如果你和你的学科没有亲密的关系,如果它不能感动你,让你起鸡皮疙瘩,那你必须找其他的工作做。如果你喜欢和小孩相处,你真的想要当老师,那很好——但是去教那些对你真正有意义、你能说得出名堂的学科。对这一点诚实相待是很重要的,否则我想我们这些老师会在无意间对学生造成很大的伤害。

而如果你不是学生,也不是老师,仅仅是个生活在这个世界上、和其他人一样在寻找爱和意义的人,我希望我能尽力做到让你窥见一个美妙与纯粹、无害且愉悦的活动,数百年来,它带给许多人无法形容的欣喜。

青豆读享 阅读服务

帮你读好这本书

《一个数学家的叹息》阅读服务：

- **解读音频** "钥匙玩校"创始人池晓为你讲解，带你22分钟了解全书精华。

- **思维导图** 一张图梳理本书结构，方便你迅速发现精彩内容。

- **作者专访** 本书作者中文专访，传奇数学家亲述自己的教育主张。

- **趣味漫画** 漫画解读书中的12个"灵魂之问"，了解作者理想中的数学教育。

- **编辑带读** 整理书中经典课堂案例，带你挖掘孩子不喜欢数学的根本原因。

- ……

（以上内容持续优化更新，具体呈现以实际上线为准。）

每一本书，都是一个小宇宙。

扫码进入
正版图书配套阅读服务